To Work With Gratitude

（精美插图版）

带着
感恩的心
工作

李恺阳/著

中华工商联合出版社

图书在版编目（CIP）数据

带着感恩的心工作：精美插图版 / 李恺阳著 . -- 北京：中华工商联合出版社，2022.4
ISBN 978-7-5158-3333-0

Ⅰ . ①带… Ⅱ . ①李… Ⅲ . ①职业道德－通俗读物 Ⅳ . ① B822.9-49

中国版本图书馆 CIP 数据核字（2022）第 036724 号

带着感恩的心工作：精美插图版

作　　者：李恺阳
出 品 人：李　梁
责任编辑：于建廷　效慧辉
封面设计：周　源
责任审读：傅德华
责任印制：迈致红
出版发行：中华工商联合出版社有限责任公司
印　　刷：北京市毅峰迅捷印刷有限公司
版　　次：2022 年 5 月第 1 版
印　　次：2022 年 5 月第 1 次印刷
开　　本：710mm × 1000 mm　1/16
字　　数：240 千字
印　　张：12.75
书　　号：ISBN 978-7-5158-3333-0
定　　价：45.00 元

服务热线：010-58301130-0（前台）
销售热线：010-58301132（发行部）
010-58302977（网络部）
010-58302837（馆配部、新媒体部）
010-58302813（团购部）
地址邮编：北京市西城区西环广场 A 座
19-20 层，100044
http://www.chgslcbs.cn
投稿热线：010-58302907（总编室）
投稿邮箱：1621239583@qq.com

凡本社图书出现印装质量问题，
请与印务部联系。
联系电话：010-58302915

To Work With
Gratitude

感恩三境：知恩、感恩、报恩

感恩，在百科词条中的定义是："对别人所给的帮助表示感激，是对他人帮助的回报。"透过定义，我们不难看出，感恩不单纯是一种由心而发的情感，更是一种实实在在的行为。

知恩，是感恩的开始。

生命都是相互依存的，世界上每一样东西都依赖于其他的一些东西，才能够得以生存和延续。我们存活于世的每一天，都有值得感激的对象：国家给了我们平和安宁的社会环境，给了我们富足方便的生活；父母给了我们生命，倾尽心力将我们养育成人；伴侣和朋友在人生的风雨路上与我们携手前行，让艰难的时刻变得不再孤单；孩子让我们获得了更丰富的生命体验，在养育子女的过程中获得修炼自身的机会；师长和领导是人生路上的导向牌，让我们看到自身的长处与不足，协助我们成为更好的人……除了身边的人，还有陌生人的举手之劳、社会公共岗位上的服务者，以及大自然的慷慨赐予，都是一种恩惠。

知恩惜福，人与人、人与自然、人与社会会变得更加和谐；知恩惜福，才会摈弃没有意义的抱怨，看见生活本身的丰富。当我们意识到了这一点，就不会漠视现在拥有的一切，更不会把身边人的关爱、陪伴，以及富足便利的生活视为理所当然。我们会感恩大自然的福佑，感恩父母的养育，感恩社会的安定，感恩食之香甜，感恩衣之温暖，感恩花草鱼虫，就连苦难逆境、委屈折磨，也不忘感恩。因为真正促使我们成功，使自己变得机智勇敢、豁达大度的，不是优裕和顺境，而是那些打击、挫折和对立面。

知道了美好的生活来之不易，知道了有人替我们负重前行，知道了家人朋友是不可少的社会性支持，知道了师长的教诲是成长的助力，就要将这些恩情铭记于心，并真诚地感激对方给予自己的恩惠，哪怕只是一个简单的微笑、一句由衷的“谢谢”，一份回赠的礼物，都能让对方感到温暖和值得。

看似是一件很容易的事，实则并非如此。很多时候，我们都是在刚刚接受别人的关照时心存感激，随着时间的推移，就把这份关照视为应该，心安理得地享受，最初的那份知恩之心渐渐变得迟钝和麻木。看到这里，你是否也想到了一些什么？比如：父母每天帮你照看孩子；伴侣每天操持家务、洗衣做饭；领导在你经济拮据时给了你工作的机会；同事曾经陪你一起加班……这些人、这些事，看似细微平常，却都不是理所当然的。对待生活，我们要时刻心怀感恩，让心灵不被蒙尘、不致麻木。

感恩，不仅仅是停留在口头上的一句“谢谢”，而是要用自己的语言和行动去回报那些有恩于自己的人：父母劳累后，为他们递上一杯暖茶，做一顿可口的饭菜；周末休息时，和伴侣一起分担家务；在朋友失落的时候，倾听对方的感受，用共情让对方获得安慰；用敬业和负责的态度，感谢领导的知遇之恩……感恩，终究要落实到行动中。

知恩、感恩、报恩，这是人间最美好的情愫之一。时时知恩、感恩、报恩，带着感恩的心去生活，带着感恩的心去工作，不忽视平凡、细碎的美好，不轻视交付于自己的责任；摒弃浮浅，脚踏实地，做好力所能及的每一件事。如此，自己的生活会充满阳光，也能将这份温暖传递给更多的人。

To Work With
Gratitude

目录

Chapter/03

感恩让内心变得踏实 / 041

Chapter/04

摒弃抱怨，心存感恩 / 067

Chapter/05

感恩是一种承担，责任的背后是机遇 / 097

Chapter/01

‖

唤醒心底沉睡的感恩

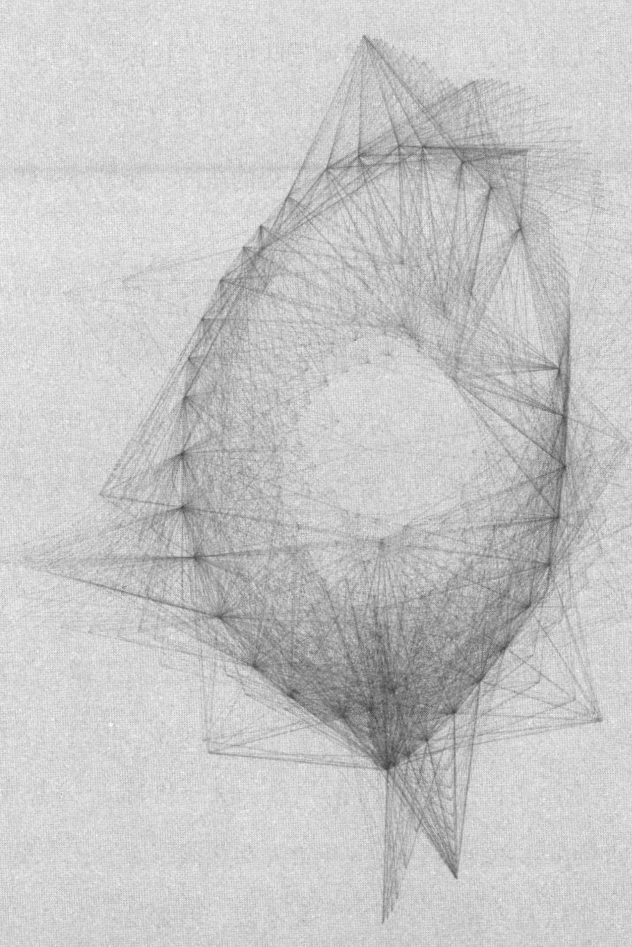

活着的每一天都值得心存感激

日子行云流水般地划过，偶尔的单调乏味可能会让你不禁生出一丝厌倦，对生活、对工作都提不起兴致，对平淡的日子不屑一顾。可是，你知道吗？就是这些我们习以为常、唾手可得的东西，在另外一些人那里，却是心心念念的、遥不可及的奢望。

和所有的父母一样，日本武术家石川祐树也曾经认为——“生个健康的孩子是理所当然的”。然而，当女儿 Mayu（石川麻友）出生后，第二天就被确诊患有先天性心脏病。对石川来说，接受这样的现实并不容易，每每想到孩子的病情，他的心情就会变得很沮丧。Mayu 需要经历三次大手术才能够活下来，这些手术让 Mayu 没办法像普通的孩子一样生活，且长大以后不能做剧烈的运动，也不能分娩。

石川回忆说，在 Mayu 第三次手术之后，他才开始有了做一个真正父亲的自知与思考，并开始觉得“虽然辛苦的事情很多，但是每天都要快乐地生活。”他就用相机记录 Mayu 的一点一滴，和 Mayu 一起战斗、一起玩耍。Mayu 两岁多的时候，石川开始为女儿撰写博客，不足一年的时间，他就写了 53 篇文章，文章的字数不多，但都是一个个完整的故事。

养育一个生病的孩子，无法像普通人一样过平淡的生活，这是生活交付给石川一家的生命课题。可是，他依旧心怀感恩，努力陪伴着Mayu的成长，并深刻地感受到了生命的重要，以及一瞬即逝的脆弱。大抵是因为，生命可能在明天就消失不见了，他才会比普通父亲更珍视所有的瞬间，并由衷地发出感慨：你活着的每一天，爸爸都心存感激！

禅语有云："人生难得今已得，佛法难闻今已闻，此生不向今生度，更待何生度此生。"当一切都还美好地存在着时，我们应当把握生命，感恩拥有的一切；若是等到生命终结的钟声已响，才来补救，那就无济于事了。

美国盲聋女作家海伦·凯勒曾说："如果上帝能给我三天光明，我会把每一天当作生命的最后一天来过。"回到我们的生活中，许多人感受不到"每一天"的重要性，白白地让时间不经意地溜走，或是在短暂的人生中用烦恼、忧愁、攀比等无谓的东西虚度光阴，直到临近生命的结束，才发现生活如同一场绚烂的烟花，美丽短暂，想要再重新感受一下它的璀璨，却只看到燃烧后的灰烬。

一对夫妻，结婚二十年，妻子因病去世。先生在整理太太遗物时，发现了一条丝质围巾，那是结婚五十周年他们去纽约旅游时，在一家名牌店买的。围巾很漂亮，太太一直不舍得用，就连价格签还挂在上面。她总说："我想等一个特别的日子再戴上它。"可惜，她再也没有机会等到那个特别的日子了。男人拿着围巾，想起了妻子，自顾自地感叹道："如果你还在，我一定会告诉你，不要再把好东西留到特别的日子用了。活着的每天，都是最值得珍惜的特别的日子。"

生命中的每一天、每一个当下都是独一无二的，它不是过去的延续，也不是未来的承接。生命，就是用有数的“每一天”串联起来的。我们应当感恩，不要再把美丽的餐具放在酒柜里，想等到特别的日子再用，你会发现那一天从未到来；不要再把心愿藏在心里，想等到合适的时候再实现，你会发现那一天越等越遥远。你生活的“现在”就是“最特别的日子”“最合适的日子”，不要再去蹉跎岁月，更不要浪费了眼前的大好时光，世事无常，我们永远不知道明天会怎样。

好好珍惜现在吧！吃饭的时候全然地吃饭；玩乐的时候全然地玩乐；工作的时候全然地投入；爱上对方的时候要全然地去爱，不要思虑太多，不要计较过去，更不要算计未来。珍惜我们现在所拥有的一切：亲情、友情、事业……不要等秋天过了再感叹春天的绿色、在冬天的时候渴望夏的温暖，活着的每一天都值得心存感激和温柔以待。

向生命中经历的一切说声谢谢

美国著名作家芭芭拉·安吉露丝说过：“感恩就是让我们与自己的心做朋友，直到发现自己是爱与宁静的源泉。”当我们降临在这个世界上时，快乐与痛苦也一并而来了。

迎着刺骨的寒风，苏珊娜走到街边一家花店的门口。玻璃橱窗里的花悄然盛放，可她的心却伤痕累累。一直以来，她的生活都顺风顺水，很少遇到不如意的事，可就在怀孕第 5 个月的时候，突如其来的车祸，夺走了她肚子里还在成长的小生命。之后不久，她的丈夫又失去了工作。一连串的打击，让她几近崩溃。

花店门口挂着一个牌子，上面写道："感恩节将至，特别礼物奉献。"

"感恩节？要感谢什么呢？感恩那个不小心撞我的司机？还是感恩丈夫的公司给了他换工作的机会？"苏珊娜嘲讽着生活，推开了花店的门。

"你好，我想订花……"苏珊娜犹豫地说着。

"您是想要传达感恩之意的花吗？"热情的女店主问道。

"不！不是，"苏珊娜脱口而出，"这半年来，我没有一件事是顺心的……"

"那好，我知道什么花对您最合适了。您稍等。"

女店主走进了里面的工作间，再出来时抱着一大堆绿叶、蝴蝶结和一把又长又多刺的玫瑰花枝——那些玫瑰花枝被修理得整整齐齐，只是上面一朵花也没有。

苏珊娜惊奇地看着那束花，又充满疑惑地看着女店主。她很想说："你是在跟我开玩笑吗？谁会要没有花的枝子？"可她只是轻轻地"嗯"一声，用疑问的语调打探着。

"很奇怪是不是？是我把花都剪掉了，这是我们的特别奉献，我把它叫作感恩节荆棘花束。"

"为什么起这个名字？"苏珊娜问道。

"说来话长……三年前，我父亲刚刚因为癌症去世，家里的生意也摇摇欲坠；哥哥被父母惯坏了，在外面不务正业，还染上了毒瘾……我觉得生活待我无比苛刻。"

"你是怎么熬过来的？"苏珊娜问道，心里不禁对眼前的这个女人生出了一丝怜悯。

女店主用沉静的声音说道："我过去一直为生活中美好的事情感恩，却从来没想过为什么会得到那么多？当厄运降临的时候，我才真正理解，原来黑暗的日子也是生活的一部分。我一直都在享受着生活中的'花朵'，却忽略了荆棘的存在，其实它们原是一体的。我感谢那些美好的，同时也感谢荆棘，是它让我看到了人生最真实的样子。后来，我开了这家花店，而这束花也成了感恩节的特别礼物。"

苏珊娜有点震惊，她想不出洋溢着笑容的女店主，竟也有那样的经历。可她还是犹豫着，不知道自己能不能像女店主一样，为生命中的荆棘感恩。女店主似乎看出了苏珊娜的心思，指着面前的"礼物"说："你看这荆棘，长得虽丑，可它却能把玫瑰衬托得更加美丽。遇到麻烦的时候，别去恨它，若不是它的出现，你又怎么能意识到，原来平淡简单的日子，也是难得的幸福呢？"

听完这番话，苏珊娜的眼泪掉了下来。她哽咽着说："这带刺的花枝多少钱？"

"不要钱，只要你把心里的伤治愈好。这里所有的顾客第一年感恩节的特别奉献，都是由我送的。"女店主笑着递给苏珊娜一张卡片，上面写着：也许你曾无数次为生命中的玫瑰感恩过，却不曾留意过生命中的那些荆棘。这一次，愿你真正地明白荆棘的价值，向生命中所有的不美好说一声谢谢！

拥有一颗感恩的心，不是一朝一夕的事，需要慢慢培养和酝酿。

一位怀有感恩之心的朋友说，他每天醒来时都在想："我真是个幸运的家伙，今天又能安然地起床，还有崭新完美的一天。我要好好珍惜，扩展自己的认知，把对生活的热情传给他人。"你不妨效仿一下这个方法，在每天清晨醒来时，默默地感谢生活，感谢爱你和你爱的人，还有那些你为之感激过的人和事。

当你想对深爱的人、相处了很长时间的同事或朋友表达谢意时，不妨为他们写一张小小的卡片，发一封 E-mail。在特别的日子里，也可以列一份你感谢他的理由，大概十条到几十条，表达你对他的感受，为什么喜欢他，或者他给了哪些帮助，你对此深怀感激。接收到你感恩的讯息，他们一定会很开心，而这样的互动，会让你的心灵迸发出更多感恩的能量。

有时候，小小的惊喜会让事情变得不一般。为感谢父母，让他们下班后，发现饭菜已经做好放在桌上；为感谢爱人，让她回家后，发现有一件精美的礼物等着她。不要小看这些事，它们都是懂得感恩的证明，也是滋养心灵的行动。

当生活误解了你，给了你无尽的苦痛折磨时，也要怀有感恩。感恩这些伤心的遭遇，让你的生命得到成长，让你认识到了真实的生活就是泥沙俱下。同时，也要感恩在遭遇不幸时那些陪在你身边的人，因为患难见真情。揣一颗感恩的心，我们总是会发现：纵然人生有苦难，但美好从未缺席。

有了感恩之心，世间才有了温度

春节，这是一年中最重要的传统节日，是家人团聚的日子。然而，在 2020 年的那个春节，新型冠状病毒来势汹汹，打破了既往的安宁与美好。面对突如其来的疫情，许多医护人员来不及多想，主动请战，甚至在除夕之夜就跟随医疗队去往疫情地区。他们放弃了与家人团聚的机会，冒着可能被感染的风险，全力奔赴战场。

从那个春节开始，每个人的脑海里都多了这样一个形象：穿着厚重的防护服，戴着口罩、手套、护目镜，每天工作十几个小时，困了累了就在墙上靠一会儿；中途为了不去厕所，可以不吃不喝……我们看不清他们的脸，不知道他们是谁，但他们却成了我们心目中最美的人。面对医护人员这种无私而敬业的精神，我们无不感动，也不无萌生一种感恩之情。

活在世界上，个人的力量太过渺小，没有谁能够独自撑起一片天。我们都曾接受过他人的帮助，但是我们不能够因为受到的帮助微不足道就忽略了感恩，有时候哪怕是一句感谢的话，都能够让那些曾经帮助过我们的人感到温暖，让他们觉得自己的付出是值得的。人与人间的关系，也正因为有了感恩之情，才显得倍加温暖。

一个可怜的小男孩为了赚取学费，挨家挨户地向人推销产品。他饿极了，可兜里却只有一枚硬币。无奈之下，他决定到下一户人家去讨饭吃。可是，当一个可爱的女孩给他开门的时候，他却没有了乞讨的勇气，只是要了一碗水。女孩看出他很饿，又给了他一大杯温热的牛奶。男孩慢慢地把牛奶喝光了，然后问道："我欠你多少钱？"女孩说："你并不欠我的钱。母亲告诉我们，善心不需要回报。"男孩说："那我真的要谢谢你，还有你的母亲。"离开小女孩的家时，他觉得浑身充满了力气，原本要放弃读书的念头，瞬间也没有了。

若干年之后，那位善良的小女孩已经为人妻母，成了一位高贵的妇人。可惜的是，这个善良优雅的女人患了重病。当地的医生面对这种罕见的疾病都束手无策，最后只得将她转移到大城市，召集专家来会诊。霍华德·凯利医生接收了这个病患，尽全力救治她，同时也给予了她特别的关注。经过很长一段时间的努力后，她终于战胜了病魔。然而，在支付医疗费用时，她却发现了一个秘密，账单上写着一行字：一杯牛奶，已经抵消了你的全部费用——霍华德·凯利医生。原来，霍华德·凯利医生，就是曾经“欠”她一大杯牛奶的那个男孩。

滴水之恩，当涌泉相报。把别人一点一滴的恩惠铭记于心，抱着一颗感恩的心去生活，就会成为一个内心充满爱的人，也会为生活注入积极的动力，就像霍华德·凯利医生。

荀子曰：“积善成德，而神明自得，圣心备焉。”

心灵富足的人必会爱人，因为爱就是给予，爱就是富足，爱就是宽广，爱就是一切。长期辜负别人的付出，其实是自己的损失，因为不表达感激之情，你就失去了体会彼此的好意，更别提很有可能无法再继续得到对方的付出。感恩是一种情感、一种思想，感恩的心可以消融不安与浮躁，让人以知足的心态去珍惜身边的人、事、物，让自己在平淡的日子里品味生命的甘美与激情。

没有谁有义务来帮助你，没有谁有义务给你任何东西，无论是我们最亲近的人，还是萍水相逢的陌生人，唯有抱持一颗感恩的心，才能在生活的考验中悟出幸福的真谛，才能让人与人之间的关系变得越来越有温度。

感恩是付出之本，是回报的前提

美国哈佛商学院的两位博士曾经做过一个测试——

他们给受过高等教育的各年龄段的500位白领人士打电话，提出同样一个问题："你觉得才华对你一生的职业生涯很重要吗？"得到的回答都是肯定的。然而，对于另一个问题："那是否拥有才华就代表你能拥有一个成功的职业生涯？"回答却是百分之百的否定。

在这些否定的回答中，有一位从事广告策划的女士道出了自己的心声："我的求知欲很强，工作也很勤奋，入职后很快就作出了成绩。但我的上司和同事，似乎并不是很喜欢我，我很沮丧，不知道该怎么做才能让他们接纳我。"

想在职场上获得成功，并不是拥有才华就行的。我参加过一次高级经理的研修班，教授在课上讲到如何评估一个人的能力时，不仅谈到了"知识"和"专业技能"，还提到了"情感品质能力"。当时，这让一些在座的经理人不解：情感也是一种能力吗？品质也是一种能力吗？道德也是一种能力吗？

现在看来，的确是这样。在考验员工的能力时，不能只看智力和技术，还要考虑到他的职业素养。尤其是在这个浮躁气息浓重、竞争激烈的时代，很多人在智力和专业技能方面相差无几，最大的区别就在于职业道德。在这些职业素养中，感恩是必不可少的。

为什么要谈感恩呢？因为相比其他能力而言，感恩更为可贵。不懂感恩，就不会把工作当成一种天赐的礼物，也就不懂得珍惜；不懂感恩，心里想的永远是无条件索取，而不是心甘情愿地付出；不懂感恩，就不会把公司的事当成自己的事、时时处处替公司着想、维护公司的利益……忠诚、负责、执行、肯干等一系列品行，都是建立在感恩之上的。

感恩，是一种“给”的能力，是付出和奉献之本，更是收获与回报的前提。

通用公司在一次招聘中，有两个年轻人脱颖而出进入终试。在面试结束前，主考官问了他们最后一个问题：“你喜欢以前工作的单位吗？”

第一个面试者说：“我喜欢那份工作，但不太喜欢前公司的环境。主管对下属总是摆出一副颐指气使的样子，同事之间也总是钩心斗角。”

第二个面试者说：“我原来工作的单位是一家小公司，管理不是很规范，但我在那学到了不少东西。如果没有那段工作经历，我现在也不可能有底气坐在这里，无论怎样，我都很感谢原来的公司。”

毫无疑问，最终被录用的是后者。无论是世界500强企业还是寥寥数人的私营公司，在招募人才的时候，都会更加青睐那些具有较高品德能力的人。德才兼备的人，无论走到哪儿都会大受欢迎，都会遇到机遇，赢得回报；知恩图报的人，永远比不懂感恩的人更可亲、可敬，也更容易受垂青。

一位研究生毕业的女孩，在入职的前一天，父亲告诫她三句话：“遇到一位好老板，要忠心为他工作；假设第一份工作就有很高的薪水，说明你的运气好，要感恩惜福；万一薪水不理想，要懂得跟在老板身边学东西。”

她牢记着父亲的话，将其作为自己的做事原则。第一次发工资时，她无意间发现，跟自己同等学力的同事，薪水比自己高出很多。她想起父亲说的话，没有因为待遇不如人就心生怨怼，而是继续认真地做事。

当时，单位里有很多同事总想着投机取巧，能少做就少做，而她却一直积极主动地找事情做，看到领导有什么需要协助的事情，就提前帮他准备好，不计较多做一点。后来，在挑选出国考察学习人员时，领导极力推荐她。当老总审批下来后，她简直不敢相信，因为她是这些出国考察的办事员中，唯一一个资历浅、级别低的员工，这在单位里是极少有的情况。

绝大多数的企业都是根据员工对公司回报的大小来决定升职、降职或开除的。学会感恩吧！感恩的最大受益者不是组织，不是领导，而是你自己。你的现在，就是你过去的结果；你要想明天有个好的回报，那就从今天开始感恩吧！

或许如何思维，
比思维什么更重要

Chapter/02

‖

越平凡，越感恩

没有平凡，就没有伟大

前几年，朋友给我推荐了一本名叫《邮差弗雷德》的书，他说自己看过后很受触动，这本书可能会对我的工作有所帮助。果不其然，一口气读完此书后，我深感受用。时至今日，这本书依然能对我的工作和生活产生着影响。

费雷德不是天生英才，也不像议员、明星那样令人瞩目，他就是和千千万万个你我一样的普通人，从事着一份邮差的工作。在很多人眼里，投递邮件的工作枯燥、烦琐，没有多大的意义，可弗雷德却对这份工作充满感恩和热爱，他将其视为一次改变周围人生活的机会。

某天早上，他敲开了刚搬来丹佛市不久的一位客户家的门，欢快地跟对方打招呼："早安，桑布恩先生。我叫弗雷德，专门给您送邮件的。我刚好路过，顺便过来跟您打声招呼，一来对您的到来表示欢迎，二来希望认识一下您，看看您是做什么工作的。"

站在桑布恩跟前的这个邮差，相貌普通，中等身材，留着小胡子，看起来其貌不扬，可周身洋溢着的热情和诚意，却能一下子打动人心。桑布恩和大多数人一样，多年来一直接受邮政服务，可在此之前，他还从来没有这样跟邮差打过照面。这让他感到有些惊奇，也有些感动，并在脑海里记住了这个叫弗雷德的邮差。

他告诉弗雷德，自己是一名职业演说家，一年大概有 160~200 天在外工作。

弗雷德听后，说道："既然如此，要是您能把您的工作计划表给我一份的话，我就可以帮您保管邮件，等您在家的时候我再给您送来。"

桑布恩对弗雷德的建议感到有些意外，并声称不必这么费神。不料，弗雷德却一本正经地说："桑布恩先生，盗贼时常会注意邮筒里的邮件有多少。如果邮件堆得很高，就证明您不在城里，他们很可能会光顾。请听听我的建议，桑布恩先生。只要邮筒能装下，我就把邮件放在里面，这样就不会有人知道您不在家。邮筒装不下的东西，我放在纱窗门和前门之间，那儿别人看不见。如果那里也放满了，我就帮您保管其他邮件，直到您回来。"

两个星期后，桑布恩先生出差回家，发现门垫不翼而飞了。难道，盗贼连门垫也要偷吗？很快，他在门廊的一角发现了那张门垫，下面盖着的东西，是一个包裹和一张纸条，落款人正是弗雷德。原来，在桑布恩出差期间，另一家邮递公司把一件寄给他的包裹投递到了别人家门口。弗雷德刚好发现了，就把包裹带了回来，贴上便条后用门垫盖上，以免被别人发现。

这，只是弗雷德工作中的一个小小的片段，他事事都为客户着想，细致到连客户都想象不到。然而，正是这样一次偶然的机会，让弗雷德的事迹广为人知，让弗雷德化身为一种积极向上的形象。因为，他的客户——马克·桑布恩，是桑布恩公司的总裁，是全美演讲工作者协会的主席，也是享誉全球的畅销书作家。

弗雷德或许从未想过，他会成为桑布恩笔下的主人公，并成为其在美国各地举行的讲座或研讨会中的谈论话题，还能让不同国度的人透过《邮差弗雷德》认识自己。弗雷德是一个平凡得不能再平凡的邮差，可他的故事却吸引了世界上千千万万的人，从服务业到制造业，再到高科技和医疗卫生行业，听众和读者们都感受到了他身上那份特殊的吸引力。

马丁·路德·金说过这样一番话："如果一个人是个扫马路的环卫工人，那么他打扫起街道来就应该像米开朗基罗作画，像贝多芬谱曲，像莎士比亚赋诗一样。他打扫起街道来要能够让人都驻足赞美：'这位工人了不起，他的活儿干得真是好！'"

弗雷德是一个再平凡不过的人，他只是日复一日地重复着同样的工作，却把每一天都过得十分有意义，用心对待每一位客户，竭尽全力为他们提供最贴心细致的服务。邮差的工作是最平凡的，可能够做到弗雷德这样的又有几人呢？弗雷德是最平凡的，可又有谁敢否认他的伟大呢？

伟大，无须用多么华丽的辞藻来修饰，也无须做出多么惊天动地、气吞山河的事情。更多的时候，就是心怀感恩地做好本职工作，负自己该负的责任。这些看似平凡的举动，在某些特定的时刻，就会成为一种令人瞩目的伟大。

说到这里，我又想起一件事来。

有一位船主让油漆工给船涂漆，油漆工给船上完漆后，发现船上有一个洞，就顺手把洞给补上了。不久后，船主再次找到这个油漆工，并给了他一大笔钱。油漆工觉得很奇怪，解释说："上次的工钱已经给过了。”船主告诉他：“这是补洞的钱。”

油漆工笑笑说：“那是顺手补的，不足挂齿。”

船主听后叹了口气，说：“当我听说孩子们驾船出航的时候，我就知道他们回不来了。可是刚刚，我看到他们平安返航，再去查看那个漏洞的时候，我才知道，是你救了他们！真的真的很感谢……”

油漆工又笑笑，淡淡地说：“就是顺便之事，您太客气了。”

油漆工顺手修补一下船上的漏洞，听起来是多么简单、多么平凡的一件事。可是，如果换一种方式来说，一个平凡的油漆工，挽救了几条鲜活的生命，你又会作何感想？那一瞬间，会不会觉得他很伟大？是的，世间再没有什么比生命更可贵的，挽救了他人的生命，犹如再生父母，自然称得上伟大！

别再沉浸在不切实际的幻想中，期望着瞬间蜕变、告别平凡了。生活是现实的，日子也是一天天过的。伟大，永远摆脱不了平凡。平凡，表面看是微不足道的，实际上它是伟大的基石，是平凡孕育了伟大，是平凡积累成了伟大，它值得我们心存敬畏、心怀感激。

不要与自己的平凡为敌

生活中，我不止一次听到过这样的声音：“眼下的生活不是我想要的，现实与理想的差距超越了我的想象”“我厌烦了现在的工作，又不知道自己能干点什么，很迷茫……”说这些话的人，多半都是一些接受过高等教育、有志向有抱负的年轻人。

其实，我非常理解说这些话的年轻人。父母辛苦供养自己读了十几年的书，一直被灌输“上大学才会有出路”的观念，可真正离开象牙塔走进社会，方才如梦初醒：曾经以为才华不可一世的自己，不过是芸芸众生中不起眼的一个小人物，渺小到置身于熙攘的人群里，没有人会注意自己的存在。幻想中的辉煌，现实中的平凡，造成了强烈的心理落差，打碎了深藏在心底多年的梦，一时间难以接受。

平凡，真的有那么面目可憎吗？

统计学有个规律叫遍历性，意思是说：看看你周围所有人的命运，就可以推知你自己未来的N种可能。放眼望去，世界上90%的人都是普通人，9%的人小有成就，1%的人能成大器。所以，对绝大多数人而言，平凡就是一生的状态。所谓成长，就是发现并接受“自己很平凡”的过程。接受了这个现实，才能够与自己、与生活更好地相处，才会在平凡中挖掘美好，并萌生出对平凡的热爱与感激。

我很喜欢一个名叫“23号女孩”的故事：

主人公是一个12岁的小女孩，同学都叫他“23号”，原因是她每次考试排名都是第23名，在50人的班级里，她是名副其实的中等生。女孩的父母觉得这绰号刺耳。在公司活动或是同学亲友聚会时，别人的孩子都是出类拔萃的，有各种各样的特长；看到电视节目里那些多才多艺的孩子，更是羡慕不已，而自己的孩子成绩平庸，行为表现也是平平凡凡、毫不起眼。

中秋节的家庭聚会上，众人让在座的孩子说说将来要做什么。孩子们毫不怯场：钢琴家、政界要人、明星……就连四岁半的小女孩，也说将来要做电视主持人。到了“23号”女孩这里，她一边帮着弟弟妹妹剔蟹剥虾，一边说："我的第一志愿是当幼儿园老师，领着孩子们唱歌跳舞、做游戏。"

大家礼貌地赞许，接着又问她的第二志愿。她落落大方地说："我想做妈妈，穿着印着叮当猫的围裙，在厨房里做晚餐，给孩子讲故事，一起看星星。"听到这样的回答，亲友们面面相觑，不知道该说些什么，"23号"女孩的父母也觉得很尴尬。

为了提高女儿的成绩，父母想尽了办法，却都收效甚微，女孩依然稳稳地保持着第23名的位置。然而，后来发生的一些事情，让父母第一次近距离地了解了自己的女儿，并彻底打消了改变她的想法。

一次郊游野餐时，有两个小男孩同时夹住盘子里的一块糯米饼，谁也不肯放手，更不愿意平分。这两个孩子，一个是奥数尖子，一个是英语高手，平时独占鳌头惯了。即便后来陆续上了不少美食，但他们看都不看。最后，"23号"女孩用掷硬币的方法，轻松地打破了这个僵局。

回来的路上堵车严重，一些孩子焦躁起来。"23号"女孩给大家不停地讲笑话，手里还忙着用纸盒剪小动物，转移了孩子们的注意力。到下车的时候，每个人的手里都拿到了自己的生肖剪纸。这一幕，让女孩的父母不禁产生了一种自豪感。

期中考试后，班主任打电话给"23号"女孩的母亲。老师讲道，语文试卷上有一道附加题：你最欣赏班里的哪位同学，请说出理由？结果，全班除了"23号"女孩之外，所有人都写上了她的名字，理由有很多：守信用、不爱生气、好相处、乐于助人，写得最多的是乐观幽默。许多同学还建议，让她来做班长。

母亲很欣慰，对"23号"女孩说："你快要成为英雄了！"正在织围巾的女孩，歪着头想了想，认真地说："老师讲过一句格言：英雄路过的时候，总要有人坐在路边鼓掌。妈妈，我不想成为英雄，我想成为坐在路边鼓掌的人。"

那一刻，母亲心里涌起了一股暖流，她被这个不想成为英雄的女儿打动了。

说实话，看到最后的时候，我也被这个小女孩感动了。想想这世间，有多少人渴望成为万人瞩目、指点江山的英雄人物，做位高权重、一呼百应的人，做腰缠万贯、富甲一方的成功商人，最终却成了烟火红尘里的平凡人，因不肯、不愿意接纳这个事实，一心沉浸在那个"英雄梦"里，虚度了时光，荒废了岁月。

生活是现实的，人更应当活得理智。

在时间长河中跋涉，不是谁都能够书写出熠熠生辉的人生；在悠悠岁月里过活，总是平凡的日子占了重心；在茫茫人海里徘徊，也总是平凡的人成了多数。面对这样的现实，我们要做的是接纳和认可，承认自己能力有不足，承认自己眼界有限，承认自己还有待完善……唯有如此，才能够看清真实的自己，看到自身拥有的正向资源，然后心怀感恩、脚踏实地做好该做的事，在平凡中保持昂扬的斗志，创造出力所能及的奇迹。

在平凡中探寻自身的价值

每个人都向往着不平凡，可现实告诉我们，世上绝大多数人都很平凡。然而，平凡并不可悲，真正可悲的是蔑视平凡，忘了在平凡中去探寻自身的价值，结果沉浸在抱怨和不满中，荒废了本可以熠熠生辉的人生。

我认识的一个男孩子，参加工作十多年了，至今还是三天两头换工作，总觉得做这行不赚钱、做那行没前途。十年前，有人推荐他去西单的卖场做手机促销员，他一听就皱起了眉头，虽没有直接说出自己的心声，可表情透露出了他的想法。他打心眼里看不上这份工作，认为不够体面，说出去无法满足自己的虚荣心，实际上当时在卖场的不少促销员月收入并不低，甚至比许多在写字楼上班的白领还要高，给他推荐工作的那位朋友，就是从促销员做起，现在已经成了卖场的经理。

后来，他尝试过做销售代表、电子商务、国企工人，先后转换了不下二十家单位，却都没能长久。究其原因，还是心态有问题——觉得岗位平凡无用武之地，总想担大任、干大事，不屑于做小事。寻寻觅觅，始终不得志，他就开始怨天尤人，仿佛一切问题都是环境和他人造成的，始终没有在自己身上寻找原因。

有句话说得好，世界上没有卑微的工作，只有卑微的态度。我接触过诸多行业中的优秀人士，有些是出入高档写字楼的金领，从最初的小职员做起，慢慢晋升为职业经理人；有些从始至终都奋斗在一线生产车间，从技术工人到总工程师。这些人都是从平凡的岗位起步，他们从没有看不起自己的工作，而是怀着一份感恩的态度，坚定地履行工作使命，力求做一颗合格的“螺丝钉”。

很多时候，令人疲惫的不是远方的高山，而是鞋里的一粒沙子。那位总在跳槽的年轻人，之所以不愿意做平凡的工作，就是因为思想意识里有了“沙子”。什么样的人是不平凡的？不是从事着光鲜亮丽的工作、拿着比你优厚报酬的人，而是在自己所处的领域、把自己的工作做到极致的人。人与人之间只有分工的不同，没有职业的高低贵贱之分。

法国电影明星罗伊德有一次去汽车修理厂，接待他的是一位普通女工。当时，整个巴黎都知道罗伊德的名字，有无数粉丝为他着迷，可令他奇怪的是，眼前的女工见到他时并未流露出任何的惊慌与兴奋。

罗伊德忍不住问女工："你喜欢看电影吗？"

"当然喜欢，我是影迷。"女工手脚麻利，很快就把车修好了。

"先生，您的车修好了，可以把车开走了。"女工说道。

罗伊德的心里有点不甘心，故意问一句："小姐，您愿意陪我去兜兜风吗？"

"不，我现在还有工作！"女工直接拒绝了。

罗伊德依然不死心，追问女工："既然你喜欢看电影，那你知道我是谁吗？"

"当然了，你一来我就认出你了，你是影帝阿列克斯·罗伊德。"女工回答得很平静。

"既然如此，你为何对我这么冷淡？"罗伊德急切地想知道答案。

"不，先生，我想您误会了。我没有冷淡，只是没有像别的女孩子那样狂热。你有你的成就，我有我的工作：你来修车，就是我的顾客；就算你不再是明星，再来修车，我依然会热情地接待你，人与人之间不就是这样吗？"

罗伊德听后，大为感慨。

是啊，人与人之间就是如此，无论身处庙堂之高，还是脚踏江湖之远，都不过是芸芸众生的一个，不必太拿自己当回事；同样，就算是从事着简单的、平凡工作的人，也不必妄自菲薄，都当保持自信和自尊。正所谓“天生我材必有用”。羡慕他人、追捧他人，并为此贬低自己，实在大可不必。因为，每个人的存在都有其价值。

英国有一位学者曾尖锐地指出：伟人通常都是一个特殊人物，但伟人本身只不过是相比较而言。事实上，大多数人的生活圈子非常狭小，很少有机会出人头地，成为伟人。但是，每一个人都可以正直诚实、光明磊落地做好自己该做的事，最大限度地发挥自己的能力。

在影视界里，罗伊德是一个佼佼者，是一个了不起的影星。可在汽车维修的领域里，那位技术娴熟的女修理工，也是一个值得人竖起拇指的人物。也许，她在金钱、财产、名气上无法与罗伊德相比，但她一样拥有高尚的灵魂，她的人生一样有不同寻常的价值。

斯宾塞曾经说过：“人生就是石材，要把它雕刻成神的姿态，或是雕刻成魔鬼的姿态，悉听个人的自由。”抛开一切抱怨，带着感恩去生活，努力在平凡中探寻自己的价值，将仅有一次的人生升华到极点。

每一份工作都值得用心做好

研究生毕业后，张某进入党政机关做材料员。

入职后的第一次例会上，部门主管明确提醒所有人：“我们是一个服务部门，领导需要什么，我们就要提供什么服务。换句话说，在这里工作，你要充分发挥才能去撰写材料、稿件，也要心甘情愿地做好端茶送水、擦桌子、拖地板、打字复印、发通知等琐事。”

刚开始，张某很不习惯，心里总有一种不平衡感：我堂堂一个研究生，到这里就为了擦桌子扫地吗？尽管这些话他没对任何人说过，可一个人心里有了怨念，做起事来自然就不会太积极。

有一次，张某跟一位老同事共同布置会议室。这时，张某已经入职三个月了，和同事也比较熟悉了，他开始忍不住地跟同事发牢骚，说工作一点儿挑战性都没有，天天做这些摆弄桌椅的事，有什么意义？

同事听出了弦外之音，也猜到了张某的心思，一边干活一边回应道："其实，在办公室里工作，就算是只学会了端茶送水，对你也没什么坏处。我在这里干了快 15 年了，什么都学，什么都做。办公室的事情又多又杂，但每件事都很重要，一个细节没做好，就可能造成严重的影响。前两年就出现过这样的事，新来的那个女孩没有检查电脑和话筒，结果开会时出了岔子，导致会议没办法进行，大领导很生气，毕竟来这里开会的人都很忙，耽误了大家的时间，耽搁了不少的事……"

这一席话让张某很受触动：如果没有人端茶送水，收发文件、通知，会议就没办法顺利召开，领导的精神也没办法传达，许多事情都无法正常展开，影响的不仅是一个单位、一个部门，还可能牵扯到千千万万的百姓。想到这儿，再看看身边正在仔细摆桌椅的同事，他心里的怨念和不满瞬间消退了。

每一份工作都值得认真对待，如果你认为自己的工作是低贱的，不值得用心去做，那就大错而特错了。万丈高楼平地起，没有一砖一瓦的砌垒，就不会有高耸于都市的楼宇。

一个年轻的修女进入修道院后，一直做织挂毯的工作。几个星期后，她觉得实在太无聊，感叹道："给我的指示简直不知所云，我一直用鲜黄色的丝线编织，突然又让我打结、把线剪断，这种事完全没有意义，真是在浪费生命。”

身边正在织毯的老修女说：“孩子，你的工作没有浪费，其实你织出的这一小部分是非常重要的。”说完，她带着年轻的修女走进工作室，望着摊开的挂毯，年轻的修女愣住了。原来，她编织的是一幅美丽的《三王来朝》，黄线织出的那部分正是圣婴头上的光环。她这才意识到，之前在她看来浪费时间的工作竟是如此伟大。

很多时候，轻视工作的人往往是没有看到“整体”，只盯着自己做的那部分，就觉得渺小、不起眼。殊不知，少了自己做的那部分，“整体”也会变成残缺。可以说，任何岗位上的真心付出都是有价值的，每一个工作过程都成就了另一个过程，只有环环相扣，企业才能够正常运转。身为员工，要做的就是各就各位，尽职尽责地扮演好自己的角色。

我认识的一位经理人，20 世纪 90 年代毕业于国内一所一流大学，不到 30 岁就做到了高层的职位。年轻气盛的他不谙世事，在人事斗争中失败，最后不得不辞职。他休息了很长一段时间，后因生活所迫，又不得不从最基层的岗位开始做起。基层的工作强度非常大，但他很珍惜这个磨炼自我的机会，他告诉自己：一定要坚持下去，只有在一线，才能学习到自己曾经不了解的东西。

蛰伏了 8 年后，他又成为一家大型企业的大区经理。当时的他临近 40 岁，说起这段经历，他总是一带而过，因为过程的确很简单，就像美国 GE 公司前总裁杰克 · 韦尔奇说的那样：“一旦你产生了一个简单而坚定的想法，只要你不停地重复它，终会使之变成现实。”

人不应该只憧憬成功后的日子，终日把梦想和信念挂嘴边的人，多数都是在纸上谈兵，一旦遇到了挫折，就会犹豫不定。真正能够成功的人，不会挑剔任何工作，而是心怀感恩地把简单的日常工作做得精细、专业，恒久地坚持下去。

就算是配角，也要真情出演

初出茅庐的李女士在一家大型的广告公司做文员，整个公司里，其他同事都有专门的职责，如文案策划、设计师、客户执行、广告业务等，唯有她是一个做琐碎事务的人，辅助同事打印资料、录入文字、制作合同等。每次跟同事一起吃饭，听别人说起工作上的事，她都不好意思插嘴，总觉着自己做的工作没什么技术含量，怕同事说她班门弄斧。

有了这种想法后，李女士在工作上就不如开始那样积极了，心里总是觉着自己是公司里可有可无的小人物，做得再好庆功会上也不会出现自己的名字，少了自己别的同事一样也能做那些事，不过就是多花点时间罢了。

当李女士漫不经心地把这些想法告诉我时，我给她讲了一个主角与配角的故事：

一所小学准备排练一部叫作《圣诞前夜》的短话剧，告示一贴出，一个 10 岁的女孩就满怀热情地报名了。定角色那天，女孩回到家后一脸不悦，嘴唇紧闭。父母小心翼翼地问她："你被选上了吗？"女孩冷冷地挤出一个字："嗯。"

母亲不解，试探性地问："可我觉得，你好像并不怎么高兴啊？出了什么事吗？”

女孩说：“因为我的角色！《圣诞前夜》里有四个角色，父亲、母亲、女儿和儿子，可他们偏偏让我去演一只狗。”说完，女孩就跑回了自己的房间，剩下父母两人面面相觑。对于女孩有幸出演“人类最忠实的朋友”，母亲不知是该恭喜她，还是该安慰她。

晚饭后，父亲和女孩谈了很久，但谁也没有透露谈话的具体内容。总之，女孩没有放弃，积极地投入到每次的排练中。见她排练回来，眼睛里闪着兴奋的光芒，周围有一些同学不解：一只狗有什么可排练的？她竟然还买了一副护膝。直到演出那天，同学们才真正理解了那光芒的含义。

短剧开始了。先出场的是“父亲”，他在舞台正中的摇椅上坐下，召集全家讨论圣诞节的意义。接着，“母亲”出场了，面向观众坐下。然后是“女儿”和“儿子”，分别跪在“父亲”两侧的地板上。在一家人的讨论声中，女孩穿着一套黄色的、毛茸茸的狗道具，手脚并用地爬进场。

这不是简单地爬，而是蹦蹦跳跳、摇头摆尾地跑进客厅。她先在小地毯上伸了一个懒腰，然后在壁炉前安顿下来，开始呼呼大睡，一连串的动作惟妙惟肖。许多观众注意到了，四周传来轻轻的笑声。

接下来，“父亲”开始给全家讲圣诞节的故事。他刚说到“圣诞前夜，万籁俱寂，就连老鼠……”的时候，“小狗”突然从睡梦中惊醒，机警地四下张望，仿佛在说：“老鼠？哪儿有老鼠？”神情就像现实中的小狗一样，让底下的观众再次露出了笑颜。

“父亲”继续讲：“突然，轻微的响声从屋顶传来……”昏昏欲睡的

“小狗”再一次惊醒，好像察觉到了异样，仰视屋顶，喉咙里发出呜呜的声音。这时候，观众们已经不再注意主角们的对白，几百双眼睛全都被“小狗”吸引了。

由于“小狗”的位置靠后，其他演员又是面向观众坐着，所以观众能够看到“小狗”，其他演员却无法看到她的一举一动。他们的对话还在进行，女孩的幽默表演也在继续，台下的笑声此起彼伏。

那天晚上，女孩的角色没有一句台词，却抢了整场戏。演出结束后，母亲问女孩：“现在能告诉我，你和爸爸的谈话内容了吗？”女孩笑笑，说：“爸爸告诉我，如果你用演主角的态度去演一只狗，狗也会成为主角。”

讲完这个故事后，我对李女士说：“配角之所以是配角，不是因为其他的，是因为演员自己把它当成了配角来演。你现在是公司里最渺小的一员，但如果你把自己当成主角来演，把自己的工作当成最重要的事来做，那么你就是主角。”

组织就像是一台机器，由成千上万个零件组成，核心部件发动机固然重要，可每一颗小小的螺丝钉也不容小觑，一颗螺丝钉发生了松动，都可能影响整台机器的运转。如果碰巧，此刻的你刚好就是组织里的一颗螺丝钉，那么你应当摆正自己的心态，清楚你的存在对企业的重要性。唯有这样，你才会带着感恩坚守自己的岗位，在这个位置上闪闪发光。

一家微型垃圾环保再利用公司的女助理，总是在社区论坛里发帖抱怨，说自己挂着助理的头衔，还要负责接待客户、打扫总经理办公室、写文件、复印、打印……每天一堆琐碎的事，令人厌烦至极。没想到，这些愤懑引起了众多网友的回帖，大家一起控诉老板的“罪行”，还分享了一些如何在办公室里偷懒的小窍门，如放慢做事的速度，在茶水间泡茶的时间要长，上厕所可以延长至20分钟……看到这些，女助理的心里觉得豁亮多了。

随后，她就开始活学活用，把那种偷懒技巧搬到了工作中。这些办法果然让郁闷的上班时间变得有趣了。可是，好景不长，一个月后，公司出事了，会议室里的三台笔记本电脑丢了。从监控录像上看，从下午两点到三点半，会议室里一直没人，小偷扮演成快递员混进了公司大楼，拿走了笔记本。

虽然最后笔记本被追了回来，可女助理还是被老板解雇了。领导认为是她失职，那段时间每个人都有自己的任务，她却擅离职守，领导指责她近期经常不在岗、一走就是半小时。她哑口无言，本以为没人注意到自己的小聪明，却没想到自己的一举一动都被领导看在眼里。

当然，她心里也有不服，临走前把心里的委屈都倒了出来："我应聘的是经理助理，我学了四年的财务知识，你却把我当成勤杂工，是你不会用人，还怪我不认真？"领导无奈地笑笑，说："看不上这份工作，就是你偷懒的理由吗？你知道我八年前是做什么的吗？收废品！你认为谁愿意干这活儿？可我既然做了，就要把它做好！若非如此，我也没有今天！"

领导的这番话，像是一盆冰水，浇醒了头脑发热的她。离开单位后，她开始重新审视自己，一边找工作，一边考了中级会计证，后来在一家电器公司做了会计。她记住从前的教训，不敢对工作有丝毫的放松。可她发现，工作中还是有各种各样的问题，比如不管自己怎么努力，在主管和经理眼里，自己似乎还是一个透明人。

年近50岁的同事王姐，大概看出来她的心思，调侃着劝她："别太纠结升职的问题，容易引发心理问题。心理出了问题，比一辈子做普通员工更可怕。"她笑了，觉得甚是有理，王姐比自己大二十几岁，做了这么多年的会计，自己有什么可抱怨的呢？

后来，她放宽了心，认真总结工作中的经验，常跟主管探讨提高工作效率的办法。渐渐地，领导开始注意到她，主管也开始把一些重要的财务工作交给她。在那一年春节前，她被单位评为先进工作者，在拿着单位发的奖金和礼品时，她想起了几年前混论坛、偷懒的那个自己，眼角湿润了。

透过这些人的经历，希望我们都能明白一个道理：在工作的舞台上，没有小角色，只有小演员。如果你用配角的心态去演绎自己的人生，那你注定只是一个不受人关注的配角；如果你心怀感恩，用主角的心态真情出演，那么就算是一个小配角，也能演出主角的风采。

用感恩的眼光去看待工作

在一次公司培训结束后，一位女职员发邮件给我，述说了她在工作中的各种烦恼，如工作压力大、薪资待遇偏低、缺乏培训进修机会，等等。还好，她认为这些都可以忍受，但近期发生的一件事，却给她重重一击：与她同时进公司、学历相当的一位同事，晋升为主管，成了她的顶头上司。

说来也巧，她口中所说的那位上司，正是那次培训的主要负责人。

或许，你一直以为你睁开着双眼，
但是你其实一直在昏睡

在此之前，我一直与她沟通培训的事宜。对工作极度不满的女职员，在信中细数自己各方面的优势，大致是觉得自己的能力与新上司相当，对公司的人事安排心存不满。

在给这位女职员的回信中，我如是说道："工作不只是看能力，更重要的是态度。也许你在岗位技能方面与上司相差无几，但你有没有仔细去审视她对工作的态度？在同样的环境、同样的待遇之下，如果她比你更热爱这份工作，更懂得感恩，那么她的晋升就变得合情合理了。"

其实，这番话也是我给所有"不喜欢自己的工作"的员工的一条忠告。当你认为自己的工作辛苦、烦闷、无趣的时候，就算你有才华、有技能，也无法做好这份工作，发挥出最大的潜能。世上任何一种工作都有它存在的价值，也有它不尽如人意的地方，重要的是我们能否保持感恩的心态，去发现工作中的快乐与精彩。

励志大师安东尼·罗宾曾到巴黎参加一次研讨会，会议的地点不在他下榻的饭店。他看了半天地图，却仍然不知如何前往会场，最后只得求助于大厅里当班的服务人员。

那位服务人员穿着燕尾服，头戴高帽，大约五六十岁，脸色有着法国人少见的灿烂笑容。他仪态优雅地翻开地图，仔细地写下路径指示，并带着罗宾先生走到门口，对着马路仔细讲解去往会场的方向。罗宾先生被他热情的服务态度打动了，一改往日认为"法式服务"比较冷漠的看法。

在致谢道别之际，服务生微笑有礼地回应道："不客气，希望您顺利地找到会场。"紧接着，他又补充道，"我相信您一定会满意那家饭店的服务，那儿的服务员是我的徒弟。"

安东尼·罗宾突然笑了起来，说："太棒了！没想到您还有徒弟！"

服务生脸上的笑容更灿烂了，说："是啊，我在这个岗位上已经25年了，培养出了无数的徒弟。我敢保证，我的徒弟每一个都是优秀的服务员。"他的言辞间透着一股自豪。

"25年？天哪，您一直站在饭店的大厅呀？"安东尼·罗宾不禁停下脚步，他很好奇，这位老人如何能对一份平凡的工作乐此不疲？

"我总觉得，能在别人生命中发挥正面的影响力，是一件很有意思的事情。你想想，每天有多少外地游客到巴黎观光？如果我的服务能够让他们消除'人生地不熟'的胆怯，让大家感觉就像在家里一样轻松自在，拥有一个愉快的假期，不是很令人开心吗？这让我感觉自己成了游客们假期中的一部分，好像自己也跟着大家度假了一样愉快。我的工作很重要，不少外国的游客都是因为我的出现，而对巴黎产生了好感。我私下里认为，自己真正的职业，其实是——巴黎市地下公关局长！"说完，服务生眨了眨眼，爽朗地笑了。

安东尼·罗宾对服务生的回答深感震撼，尽管言辞朴实，却能给人一种不同寻常的力量，这种力量就是许多人能够脱离平庸，实现从普通到优秀的秘密所在。这也足以证明，世间没有平凡的工作，只有平庸的态度。唯有对所做之事充满热爱、充满感恩，才能发现它的价值，以及其中蕴含的机遇。

美国西雅图有一个特殊的鱼市场，说它特殊是因为这里批发处理鱼货的方式不同寻常。这里的鱼贩们面带笑容，像合作默契的棒球队员一样做着接鱼游戏，那些冰冻的鱼就像是棒球，在空中飞来飞去，大家互相调侃唱和。

有游客问他们："在这样恶劣的环境下工作，你们为什么还能这样开心？"

鱼贩说："原来，这个鱼市场死气沉沉的，大家整天摆着没有表情的脸。后来，我们想开了，与其这样，不如换个角度去看这份工作。于是，我们就把卖鱼当成了一种艺术。再后来，越来越多的创意迸发，市场里的笑声多了起来，大家都练出了好身手，简直可以跟马戏团的演员一比高下了。"

快乐的气场是会传染的，附近的上班族们经常到这里来，感受鱼贩们乐于工作的心情。有些主管为了提升员工的士气，还特意跑来询问："整天在充满鱼腥味的地方干活，怎么能如此快乐？"鱼贩们已经习惯了给不顺心的人解难："不是生活亏待了我们，是我们期望太高，忘记了感恩，也忽略了生活本身。"偶尔，鱼贩们还会邀请顾客一起玩接鱼游戏。哪怕是怕腥味的人，在热情的掌声的鼓励下，也会大胆尝试，玩得不亦乐乎。毫不夸张地说，每个眉头紧锁的人来到了这里，都会笑逐颜开地离开。

说到这里，我想你也应当意识到了，工作不可能十全十美，只有用感恩的眼光去看待工作，在平淡中去创造精彩，才能保持始终如一的热情，发现工作的魅力。

渺小的任务，最大的努力

多年前，美国掀起了石油开发热。一个雄心勃勃的年轻人来到了采油区，刚开始时，他的工作是检查石油罐是否自动焊接完好，以确保石油能够安全储存。由于焊接的工作是自动操作，为了保证安全，检查就成了不可缺少的一道程序。

每天，年轻人都会上百次地监视机器的同一套动作：先是石油罐通过输送带被移送至旋转台，然后焊接剂自动滴下，沿着盖子旋转一周，最后油罐下线入库。他的任务就是监控这道工序，从早到晚检查几百个石油罐，日复一日。

时间久了，年轻人产生了不平衡感："我那么富有创造性，怎么只能做这样的工作呢？"想到这些，他就去找主管，请求调换岗位。没想到，主管听完他的要求，很冷漠地说了一句："要干就好好干，要不干就走人。"一瞬间，年轻人涨红了脸。

回来后，他突然有了一个想法：我不是很有创造性吗？那我能不能在这个平凡的岗位上把工作做得更好呢？之后，他开始仔细查看机器重复的动作，果然发现了一个有意思的细节：罐子旋转一周，焊接剂就会滴落 39 滴，但总会有一两滴没能起到作用。如果能把焊接剂减少一两滴，能够节省多少开支呢？

经过一番研究，年轻人最终研制出了"37 滴型"焊接机。然而，用这种机器焊接石油罐依然存在着漏油的问题。他继续琢磨，很快又研制了"38 滴型"焊接机。这次的发明，不仅解决了漏油的问题，同时每焊接一个石油罐盖还能为公司节省一滴焊接剂。一年下来，为公司节省了很大的一笔开支。

多年后，这个年轻人成了石油大亨，他就是约翰 · D · 洛克菲勒。

戴尔 · 卡耐基说过："即使对于看似渺小的工作也要尽最大的努力。

每一次的征服都会使你变得更强大。如果你用心将渺小的工作做好，伟大的工作往往就会水到渠成。”

英国爆发经济危机期间，许多毕业生都找不到工作，鲍勃和比尔就是庞大待业队伍中的一员。为了生活，他们只得降低要求，到一家工厂求职。刚好，这家工厂需要两个后勤人员，问他们是否愿意干？两人想了想，接受了这份工作，毕竟谁也不愿意靠社会救济金生活。

入职后，他们才知道，所谓的后勤工作，其实就是打扫卫生。鲍勃打心眼里看不起这份工作，但他还是留下来做了一段时间，工作懒散，敷衍了事。老板认为鲍勃是新人，缺乏锻炼，又恰逢经济危机，很同情他的遭遇，也就没多说。然而，鲍勃对这份工作依然充满了抵触的情绪，每天都在应付。干满三个月，鲍勃毅然选择了辞职，开始重新找工作。只是，当时很多企业都在裁员，没有经验和资历的他屡屡碰壁，最后只能再度依靠救济金生活。

比尔的想法不同，他放下了大学生的架子，就把自己当成一名打扫卫生的后勤人员，每天都把办公楼的走廊、车间、场地收拾得干净整洁。见他做事勤勤恳恳，半年后，老板让他跟随一个高级技工学徒。由于认真肯干，比尔一年后就成了一名技工。他感谢老板的提拔，也以更加积极负责的态度去做任何一件事。两年后，经济危机的局面发生了改观，比尔也顺利晋升为老板的助理。

每个人都渴望自己成为人群中的佼佼者，组织里的精英人物，但并不是谁刚刚踏入社会、进入一个新的组织，就能够如愿以偿的。也许，最初的那段时间里，你会被安排做一些看似不起眼的、简单的小事，但是无论如何，你都不要忽视它们。要知道，任何一个职位都不是可有可无的，一个连渺小的任务都难以出色完成的人，很难值得信任。想出类拔萃，眼高手低是最愚蠢的，只有将自己负责的每件事情都尽力做到最好，才是获得赏识和重视的捷径。

我身边有一位交警，他从二十出头就奋斗在一线，在那块小小的“岗位”上站了十几年。他对这份工作满怀感恩与热情，每天都尽职尽责。不管夏天多热，冬天多冷，他都不会擅离职守。他珍爱自己的生命，也珍爱行人的生命，附近的居民跟他很熟悉，有他在的地方，大家都会觉得多一分安心。所以说，心怀感恩，对自己的本职工作尽心尽力，把简单的事做到不简单，把这种意识装进心底并付诸行动的时候，每个人可以成为不平凡的人。

Chapter/03

‖

感恩让内心变得踏实

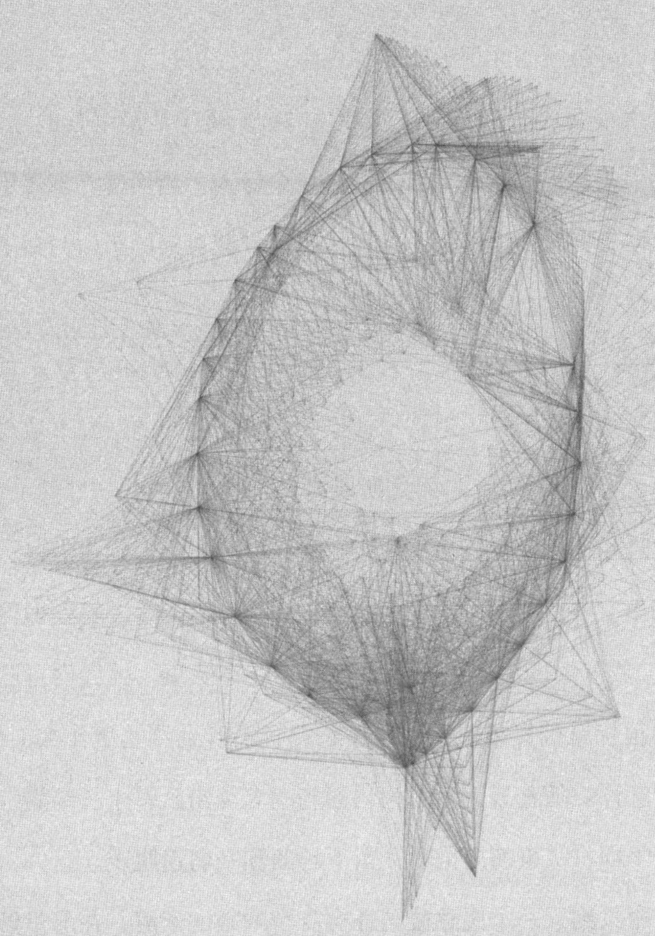

工作态度决定你的人生高度

普华永道的高级顾问大卫·艾尔顿先生，曾经讲过这样一个故事：

故事的主人公叫玛丽，出生在苏格兰格拉斯哥生活最艰苦的地区，家中有五个兄弟姐妹。玛丽说自己的父亲是个好人，当周遭许多孩子都赤脚上学时，他总会想办法给自己的孩子脚上弄些可穿的东西，如果有新的纸板，就给孩子们换上新纸板鞋掌。

玛丽很聪明，成绩总是前三名，唯独地理科目学得稍差，总是七八十分，这还是她几乎每天迟到、被老师用皮条处罚的情况下取得的成绩。多年后，老师才得知，玛丽之所以迟到，是因为要先送妹妹上学，而妹妹上学的时间比她晚。玛丽不愿意解释，是不想为迟到找借口。

可惜，家里实在太贫穷了，玛丽 14 岁时不得不辍学，给人做保姆贴补家用。“二战”爆发后，玛丽参军报国。在军队里，她凭借自己的技能和才智，很快就被提拔成二级军士长，且不管到哪儿做什么工作，都得到一致的好评。随着战火渐熄，玛丽与一名突击队军士长结婚，不料对方却在战争即将结束前离世了，留下玛丽和一名遗腹子。

后来，玛丽找到了一个愿意接纳怀有身孕的她的家庭，在那里做厨师和管家。在这个大户人家做工是很辛苦的，尽管他们通情达理，但不时地在家宴请大班宾客，家务活有多繁重不言而喻。玛丽经常从早上 6 点开始就要忙着打扫卫生和下厨，直到晚上 11 点才能休息，可她一句怨言都没有，对接纳她的这个家庭充满感恩，用心做好自己的分内之事。

玛丽一直跟这个家庭生活在一起，直到 72 岁那年，她想放慢一下生活节奏，才停止全职工作。尽管年岁已高，但玛丽的头脑从未衰减。耄耋之年，她依然能在英国《泰晤士报》的填字比赛中打入伦敦市的决赛，只因不想在公众面前抛头露面承受公众人物的压力，才选择退赛。

在数十年的工作中，玛丽从来没有主动要求过加薪，她稳重、忠诚、谦卑、纯粹、无私，她的付出为他人的成就奠定了基石。她从来没有为自己做保姆、当家佣感到羞耻，她说任何一项工作都是值得做的，如果你在人生中能够有些许机会去做些什么，那一定要记得感恩，并好好地把握这些机会，把事情做好。

令人欣慰的是，玛丽而今已经 90 岁高龄了，可她依然很敏锐，且非常独立。她过着安静舒适的生活，如果让她看到类似“到别人家去当家佣是一项极为令人羞耻的工作”这样的标题，她一定会说，“人们的期望太高”，然后劝诫人们不要怨天尤人，相比那些没有工作的人，有工作的人就该感恩和知足。

这个故事不是大卫·艾尔顿杜撰的，他与玛丽相识已久，关系亲密。写这篇文章时，他还说晚上要给玛丽打电话。因为，玛丽就是他的妈妈。

世间没有卑微的工作，只有卑微的态度！每一份工作都有它的价值所在，工作不分高低贵贱，只有做得好和做不好！重要的是，我们能否心怀感恩地去对待每一个岗位和每一份工作，哪怕它很普通，你也能将它做到极致。

许多初入社会的年轻人满脸沮丧地说，自己毕业于某某名牌大学，曾经如何出类拔萃，带着优越感走进职场，本想大展拳脚实现抱负，结果却得不到领导的重视，每天做着不起眼的工作，心理落差很大，以至于后来干什么都提不起精神，自信心大受打击。

产生这种心理的根本原因，是对工作缺乏正确的认识。天底下没有卑微的工作，也没有不重要的工作，只有看不起工作的人。同样，天底下也没有不好的工作，只有不愿做好工作的人。当你抱怨自己怀才不遇，艳羡着那些成功者的时候，你知道他们是怎样走到今天的吗？

美国通用电气公司前CEO杰克·韦尔奇，最初在一家小鞋店做售货员，这份工作没有什么值得炫耀的地方，可韦尔奇却觉得可以跟形形色色的人打交道是一种乐趣。但凡有客人走进商店，他都会给他们拿来各式各样的鞋子，让他们试穿。如果客人不喜欢，他就会不厌其烦地推荐另外的款式。这份工作教会了韦尔奇一条重要的生意经：一切为了做成买卖。在鞋店做售货员的几年里，韦尔奇几乎没有让任何一个走进鞋店的客人空手离开。韦尔奇就是从这份简单的工作起步，逐渐成就了自己传奇的事业。

被誉为美国百货商店之父的约翰·沃纳梅克，年轻时曾在费城的一家书店打工。当时，他的薪水每周只有1美元，可他没有看不起这份工作，而是感激能有机会靠自己的劳动获得收入。他兢兢业业地做着，靠着勤奋刻苦的劲头，慢慢踏上经商之路，成就了自己的事业。

类似的事还有很多，如麦当劳的经理也是从基层一点点做起的，他当过服务生，甚至打扫过厕所；青岛啤酒董事长金志国刚进入青岛啤酒时，做的是刷啤酒瓶的工作，可他把瓶子刷得又快又干净，还在厂里的比赛中取得了最好成绩。

福布斯曾说过："做一个一流的卡车司机比做一个不入流的经理更为光彩，更有满足感。没有不重要的工作，只有看不起工作的人。"所以，别看不起你正在做的事情，能把手头的工作做到最好，并不是一件容易的事。

讲述这些成功者的经历，只是为了说明道理，并不是在谈如何复制他人的成功。卓越，不一定是非要创立自己的公司，成为领导，这未免太过偏激了，也不太现实。对于多数人来讲，我们更该关注的是自己背后存在的另一种成功，即如何在岗位上成就自己的事业。

我以前住的小区有一位电梯司乘员，40多岁的年纪，工作特别认真。但凡有住户走进电梯，不管认不认识，她都会热情地打招呼；待住户走出电梯时，也会礼貌地提醒慢走。日复一日，从没有出现过差池。后来有一次，我在坐电梯时发现司乘员换人了，一打听才得知，原来的那个司乘员已经被调到物业部做了基层管理人员。许多人都把看电梯当成一份不起眼的工作，可事实再次证明：一个对工作心怀感恩的人，做事一定会认真负责。这样的人无论在什么样的岗位上，都能做得很出色，获得更多的机会。

社会就像是一个不断运转的大机器，而社会中的各种职业都如同这部机器的零件，少了任何一个，都会导致机器不能正常运转。凡是存在于社会上的任何一种职业，都是必不可少的，且所有正当合法的职业都是值得尊敬的。有些工作尽管环境不好，薪水稍低，琐碎繁杂，但这并不意味着它不值得做好。

前纽约中央铁路公司总裁佛里德利·威尔森有一句话很值得回味：

“一个人，不论是在挖土，还是在经营大企业，他都认为自己的工作是一项神圣的使命。不论工作条件有多么艰苦，或需要多么艰难的训练，始终用积极负责的态度去工作。只要抱着这种态度，任何人都会成功，也一定能达到目的、实现目标。”

卓越不一定都建立在那些闪耀夺目的岗位上，不一定都是轰轰烈烈的。相反，那些容易被人忽略的岗位，往往造就了诸多的不平凡。感恩、谦卑的态度可以使平凡的人把卑微的工作做得伟大，消极、怠慢的态度可以使人把崇高的工作做得卑下。

工作，说到底就是一个态度问题。一个不懂感恩的人，一个连本职工作都反感和厌恶的人，最终也会遭到生活无情的唾弃。当你放下成见，带着感恩去审视自己所做的事，把工作当成学习和进步的途径，就能够在工作中找出乐趣和意义，并挖掘出自身最大的价值，获得工作赋予的最多奖赏。记住：你的工作态度，决定着你的人生高度。

为价值做事，而不只为薪水

你为什么而工作？

每当这个问题被抛出时，周围总少不了嘘唏声，似乎简单到无须动脑就能给出答案：“为了钱呗！”将这句话引申，得出的结论就是：如果有了足够的钱，就不用工作了！

比尔·盖茨算得上是世界有名的富翁了，他的财产净值大约是466亿美元。盖茨这么有钱，为什么还要每天工作？斯蒂芬·斯皮尔伯格，钱不如比尔·盖茨多，但也不算少，财产净值估计在 10 亿美元左右，足够他享受优越舒适的生活了，可他为什么还要不停地拍片？

萨默·莱德斯通，美国第三大传媒公司维亚康姆的董事长，他在 63 岁着手建立了这个庞大的娱乐商业帝国。在多数人眼里，63 岁完全到了退休享乐的时候，他为什么还要回归到工作中去，让自己整天围绕着维亚康姆转，有时甚至一天工作 24 小时？

这些财富大亨们，每天都坚持工作，如果你跟在他们身边，可能会替他们的卖力工作感到疲惫，可他们却依然乐此不疲。难道，也是钱给了他们动力吗？

不必猜测了，还是听听萨默·莱德斯通是怎么说的吧——“实际上，钱从来不是我的动力。我的动力是对于我所做的事的热爱，我喜欢娱乐业，喜欢我的公司。我有一种愿望，要实现生活中最高的价值，尽可能地实现。”

马斯洛需求层次理论里讲到，人不仅有满足生存的需要，还有更高层次的需求，而最高层次的动力驱使，不是金钱名利，而是自我实现。《财富》杂志曾做过一项调查，也证实了这一理论：失业的美国人中，绝大多数人感到沮丧不是因为自己失去了某个工作。美国的社会福利和失业保障工作做得比较好，失业者每个月领取到的钱不算少，真正让他们感到恐惧和失落的是，失业让他们感觉自己一文不值，体会不到存在感和成就感。

也许你不太相信，但这却是一个事实：金钱的数量在达到某种程度后，就不再那么诱人了。如果你去请教那些成功人士，他们在没有优厚的金钱回报下，是否还能继续从事自己的工作，大部分人的回答都会是：

“愿意！我不会有丝毫改变，因为我热爱自己的工作！”

当一个人做他适合且喜欢的工作，他会充满感恩和动力，并在工作中发挥出最大的潜能。当得到了周围人的肯定时，他就满足了自我实现的需要。无论在什么样的单位，领导最为欣赏的，都是有自我实现驱动的员工。他们不会只盯着薪水和报酬，而是感恩自己能够通过工作充分实现自我价值。当他们竭尽全力把事情做好时，就为组织创造了利润。对于这样的付出者和创造者，任何组织和领导都不舍得亏待他。

薪水是生存的必需品，是工作的一种回报形式，但绝不是唯一。努力去挖掘工作的意义，你会发现，在工作中收获的能力、经验、自信、喜悦，其实都比金钱更有价值，这种价值虽不是直观的，却是恒久的，积累到一定程度，亦可爆发出巨大的力量。

海伦在一家外贸公司工作，没有背景、没有经验的她，晋升速度让周围人都惊诧不已。跟海伦要好的朋友，工作一直不顺，感慨之余便向她“取经”。

看到朋友好奇的样子，海伦笑着说：“其实，我找工作的过程特别艰难，因为自己是新人，没几个单位愿意要，是现在的领导给了我这个机会，我挺感激他的。入职后我发现，领导是一个实干的人，每天下班后，同事陆续都走了，只有领导还在工作，且一直待到很晚。自那以后，下班我也不早回家了，就待在办公室里学习或加班。虽然没有人要求我留下来，可我认为自己应该这么做，如果领导有需要帮忙的地方，我就会给他打下手。这样一来，领导就养成了有事叫我的习惯。”

心思细腻、做事踏实的海伦，为了报答领导的知遇之恩，甘愿牺牲自己的时间无偿加班。这样的做法，在许多功利的人看来是“吃亏”，因为没有任何物质上的回报。然而，事实让我们看到，海伦用自己的付出换来了被领导赏识的机会，她获得的是看不见的隐性报酬。

说到这里，我们很有必要聊一聊工作的意义？或者说，工作究竟能给我们带来什么？

○ 工作是生存之本

身为一个健全完整的人，我们需要面包牛奶，需要一个温暖的栖息之所。这些东西不会从天而降，需要我们努力工作才能得到。无论是体力劳动还是脑力劳动，只要通过合理的劳作来维持生活，那都是一个值得尊敬的人。换句话说，靠自己的劳动吃饭，是一个成年的、健康的人所拥有的尊严。

○ 工作是学习的途径

刚刚参加工作的人都有这样的体验，初来乍到，进入一个行业，很多事情都不懂，很可能连最基本的办公设备（如传真机、POS 机）都不会操作，更别说更专业性的技能了，这些都需要在工作中慢慢学习和实践。倘若没有工作这一平台，那么对很多问题，你可能会一直停留在“知道”阶段，纸上谈兵，很难在某一领域达到专而精的境界。工作是一种积极的学习经历，每一项工作中都包含着许多个人成长的机会。

○ 工作是自我价值的载体

人存在于这个世界，都需要肯定自己存在的价值，这就是所谓的成就感、荣誉感。同事的拥护、领导的肯定、社会的承认，这是一个人成就感最主要的来源。人生的诸多理想，往往也是通过工作的途径来实现的，倘若能够实现，便能够体会到一种莫大的快乐。

请注意，上述的三个方面，只有第一条与金钱有关！

如果总是为自己到底能拿多少薪水而大伤脑筋的话，又怎么能看到薪水背后的成长机会呢？又怎么能意识到从工作中获得的技能和经验，对自己的未来将会产生多么大的影响呢？

也许眼下的薪水是微薄的，但依旧希望你心怀感恩，因为这份工作能让你获得珍贵的经验、良好的训练、才能的表现和品格的建立。这些东西与金钱相比，其价值要高出千万倍。

珍惜工作赐予你的成长机会

一位涉足教育行业十年的“人才”，到国内某知名培训机构应聘区域市场总监。单看他的个人简介，会觉得经历丰富、能力突出，可细谈才知，他除了第一份工作以外，其他的工作都未超过一年。

问及原因，这位“人才”道出了各种抱怨：“老板太抠门了”“同事不太友善”“公司的平台不太好”，等等。面试官发现，此人有过创业的经历，就想了解一下经过。没想到，听到的又是一通怀才不遇的感慨：“资金周转遇到了问题”“合伙人在理念上出现了分歧”……

整场面试足足进行了30分钟，在这30分钟里他竟用了20分钟来诉说自己的怀才不遇和坎坷艰苦的奋斗史。最后，面试官问他：如果单位录用他，他有什么样的职业规划？听到这个问题，他变得目光炯炯，信心满满地说：“凭我在教育行业摸爬滚打的十年，我完全可以胜任校长的职务，我也希望能够借此机会改变之前的种种境遇。”面试官点头微笑，对他的豪言壮语给予了礼貌性的回应，可实际上他已经在心里对

或许，解放了自己，
才能解放事物和它们之间的联系

此人画了一个叉。

事后，面试官与其他的高管沟通，说此人不是没有能力，也不是不够优秀，他在其他公司任职市场主管时，在不到一个月的时间里就与公立学校建立了良好的合作关系，他的坚持和拼劲儿是值得肯定的。可他后来的一句话，却让人不得不对他再做衡量，他说："我后来发现这公司没什么意思，做了四个月就走了。"据面试官了解，那是一家上市公司，在制度和管理上比大部分的企业都要健全，他对这样的企业都心存不满，可见他心里所想象的企业文化和制度应该是乌托邦式的，不切实际。

更重要的是，提到离开这家公司后的打算时，此人说了一句："没什么打算，随便找个工作再说，反正是我先把老板炒了。"随便找一份差事，没有目标和计划，对任何录用他的组织来说，都是一个隐患，你不知道他什么时候会突然离开，撇下重要的项目不管不顾，没有人愿意冒这样的风险。何况，在提到过去的每一份工作时，他都觉得不满，毫无感恩之情和珍惜之意，这样的员工是游离在企业之外的。

我有一位朋友，曾有过在外企做管理培训生的经历。一提到外企的管理培训生，许多人都会唏嘘不已。确实，通常能够做管理培训生的人，都要经过四到五轮的面试，与数百人竞争，无不辛苦。

然而，在褪去这层光环后，这位同行亲口告诉我：身为快速消费品行业的管理培训生，刚进入企业半年甚至一年的时候，根本不是担任叱咤风云的高管，也没有人会跟你谈公司的发展战略，你要做的就是把每件商品的价格和货架摆放位置记好，记住一年四季的产品位置都不一样，每个超市的价格都不同。无论你是男生还是女生，都要进入仓库摆货柜。

他们的头衔是什么？是管理培训生！为什么要做这些工作？因为，只有牢记每件货品你才能测算后期的销量，只有安装货柜你才能真正与超市的人员熟识……所有的一切，没有半年到一年时间的打磨，根本无法练就出专业的素养。

当我问到，会不会有人觉得自己“上当”，愤然离开的？

朋友笑着说：太多了。尤其是在刚入职的一到三个月里，很多人并不是选择了更适合自己的职业道路才离开，而是带着对现实与理想反差的不满，难以忍受枯燥无聊的工作走人的。这些离开的同伴里，不少人在以后的工作中还是以同样的方式面对工作和企业，非要给自己贴上一个“众人皆醉我独醒”的标签。

是过往的工作太枯燥、不够好吗？不是。说这些话的人，从未感恩过工作，也从未珍惜过工作，更从未真正对自己负过责。在他们看来，太多的工作都不值得去做，自然也就不会尽力去做。那位朋友表示，和他一起坚持下来的伙伴，尽管后来也有跳槽的，但他们珍惜每一份工作给予自己的成长机会。正是这样的心态，让他们一直朝着最适合自己的方向前行，其中有些人已成长为外企的大区经理。

不要总觉得自己太材小用，对工作心生不满，认为自己理应做更重要的事。事实上，这个世界根本没有哪一份工作必须由你来做，而是你需要一份工作来维持你的生活，来实现你的价值。顺风顺水、青云直上的时候，要感恩工作成就了自己；身处逆境、遇到困难的时候，更要感恩工作给了自己维持生计的来源。试想：如果你连做事的机会都没有，还谈何理想、谈何价值与追求，又拿什么去呵护和照顾你在意的人？

先谈付出，再谈回报

一家资深调研机构曾经对全国 20 个省市的职场新人做过一项调查，在谈到目前工作付出和回报的满意度问题时，结果显示：有 42.56% 的人认为“比较不满意，回报略小于付出”，有 38.7% 的人认为“非常不满意，回报远远小于付出”，两者加起来，比例占到 81.26%，也就是说，有八成以上的新人都对工作现状不满。

不可否认，薪水是工作的一种报偿方式。很多人一直强调企业回报给自己的太少，但有一件事他们似乎很少询问自己：我能够为企业带来什么？

多年前认识的一位朋友，在一家电子公司就职，且一待就是十年。可以说，他人生中最宝贵的青春，最富有激情的岁月，都在每天上班下班打卡的指纹机上记录着。但是，他的职位从来都没有变过，从始至终就是一个普通的技术员。这十年间，他的薪水涨过三次，现在的工资是五千元，也可谓是平平常常。

这些年，经常听见他“控诉”对工作的不满，对领导有意见，觉得自己付出了这么多年，没有辛劳也有苦劳。后来，比他年纪小、晚来公司的人得到了提拔，他压制不住心里的想法，去找领导谈，要求加薪。领导倒也实在，跟他说：“你是为公司付出了不少，可你现在做的事，和前几年做的事，有什么区别吗？”只这么一句话，就让他无言以对了。

这是一个讲究效率的时代，企业愿意出高薪留住人才的原因，必须是他能够在相同的时间内比他人创造出更高的价值。前面也曾讲过：企业如同一艘船，员工就是这艘船的主人，员工与企业的命运是紧紧联系在一起的，如果这艘“船”翻了，那么“船”上的每个人都不会有好的结果。当我们在强调自己得到的回报太低之前，不妨先想一想：我的付出给企业换来了多少回报？

一位纽约的百万富翁，在回忆自己的成功路时，感慨万千。

当年，他在一家百货公司的薪水每周只有七美元零五十美分，后来一下子就涨到了每年一万美元，这之间没有任何的过渡。没过多久，他还成了这家百货公司的合伙人。

起初到公司时，他与公司签订了五年的劳动合同，约定这五年内薪水不变。他暗下决定，绝不满足于这每周七美元零五十美分的薪水，也绝不能因为薪水低而不思进取，他要用行动向老板们证明，自己是公司里最优秀的人。

他的态度很快就引起了周围人的注意。三年后，他已经如鱼得水，游刃有余，以至于另一家公司愿意以三千美元的年薪聘用他做海外采购员。不过，他并未向老板们提及此事，在五年的期限结束之前，他甚至从未向他们暗示要终止合同，尽管那不过是一个口头约定罢了。

可能很多人会笑他愚蠢，这么好的机会白白错过？可正是这份坚持和远见，让他在五年合同到期后，拿到了每年一万美元的高薪，后来还成为公司的合伙人。因为，老板们很清楚，这五年来他付出的劳动，比他所领取的薪水高出数倍，给他一万美元的年薪，理所当然。

在漫长的职业生涯中，成长比成功更重要。现实中，有些人一边以玩世不恭的态度对待工作，一边对企业冷嘲热讽，说自己怀才不遇，生不逢时。因为对薪水不满意，干脆就敷衍了事。他们没有意识到，恰恰是因为这种心态和做事风格，才让他们一直原地踏步。

在你寻思该怎样才能多赚一些钱之前，应该先想想如何把工作做得更好，才最实际。当你全力以赴去做事时，就根本不需要为钱担忧焦躁了。你的努力不会被忽视，领导会看到谁在奉献时间和精力，谁在脚踏实地地慢慢成长。多一点耐心，多一点专注，不断地在工作中学习、成长，让自己羽翼丰满，你将会成为企业竞相聘请的对象，并且获得更丰厚的回报。

凡事都不要有糊弄的想法

无论生活还是工作，你种下什么样的种子，将来就会收获什么样的果实。或许，话听起来有点俗套，但你若总是漫不经心地打发糊弄那些看似不起眼的人和事，现实终会以残酷的一棒让你知道这样做的后果。

一位从事策划工作的女孩，向我讲述她亲身经历的一件事。

五年前，她在一家营销策划公司上班，当时有朋友找到她，说他们公司想做一个小规模的市场调查。这个调查挺简单的，朋友找了两个人来操作，让女孩为最后的市场调查报告把关，完事后给女孩一笔费用。

这确实是一笔很小的业务，没什么大的问题。然而，报告出来后，女孩明显看出了其中的水分，但她只是做了一些文字加工和改动，就直接交了上去。对她来说，报告上交、拿到报酬，这件事就算结束了。

后来的一天，几位朋友和女孩组成一个项目小组，一起完成广州新开业的一家大型商城的整体营销方案。谁知，对方的业务主管却提出，对女孩的印象很不好，因为他就是女孩上次草草完成的那个市场调查项目的委托人。

因果循环，来得如此之快，女孩无话可说。这件事给她带来了重重一击，也让她清醒了许多。现在回头来看，当时拿到的那点费用根本不值一提，可为了这点钱，竟给自己带来这么大的负面影响。自那以后，女孩长了教训：不要打发糊弄任何事，哪怕是不起眼的小事。

现实中类似的事情，还有很多。

某私营公司的老板精明能干，公司员工也都齐心协力。不久前，他招聘了一位新助理，是刚毕业的女大学生。这位新助理性格大大咧咧，做事马马虎虎，资料总是不加整理就交上去，办公桌上的文件也是乱七八糟。老板批评过她几次，可她并没在意，依旧我行我素。结果有一次，老板向她要一份重要的合同，她翻遍了办公桌也没找到，一怒之下，老板辞退了她，从内部提拔了一位做事认真有序的助理，替代了她的职位。

另一位职员赵某，在一家颇有实力的公司做业务。某天早上，销售部门召开了市场调研会，安排他统计一组数据。下午，他就接到了一份会议纪要，这份会议纪要跟他以往看到的同类文件不太一样，除了简短的会议介绍外，还有大量的表格和数据。看到这些详细而琐碎的数据，赵某觉得头大，而主管要求他必须在两天之内完成所有的数据统计，并形成一份书面报告，经过主管部门的评审人评审合格并签字后，交到监控考核处。

赵某心里很清楚，这项工作直接关系着自己的前途。他抓紧时间去做，可按照目前的进度来看，要在两天内完工难度很大。于是，他在经办的过程中，敷衍了事，想着糊弄一下，也许就能过关了。然而，数据交上去后就被主管发现漏洞百出，结果赵某不仅没得到认可，反倒受了处分，给主管留下了轻浮急躁的印象。

糊弄工作的人，都自以为很聪明，或许曾经借助一些小方法、小手段蒙混过关，尝到了“甜头”。可是别忘了，粗劣的工作会造成粗劣的生活，工作是生活的一部分，敷衍了事，不仅会降低工作质量和效率，还会丧失做事的才能。至于结果？就如我经常跟员工们说的“三个一工程”，即一无所获，一事无成，一穷二白。

凡事得过且过，对所做的事不用心，对付着做完就行，那么不管你在社会上打拼多少年，接触过多少事，只有数量的增加，没有质量的跨越，任何事情都是走马观花，从未真正走进你的内心，那你自然就一无所获。

做事不到位，缺少责任心，经手的每件事都是稀里糊涂，只是为了赚一点钱，从来没有感恩之心，没有把工作当成事业来做，这样的人有谁敢重用？有哪个组织愿意挽留？你辜负了别人的信任，你糊弄了眼前的事，结果自然也会糊弄你。

也许有人会说，给别人打工我没有动力，自己创业我一定会好好干。真的不是要故意打击这些“有志之士”，如果你给别人做事都做不好，换成自己创业也未必能成功。道理很简单，做过士兵的元帅，比没做过士兵的元帅，更能带兵打仗。

做过士兵的元帅，很了解当初做士兵的情况，能够切实地明白士兵的想法和难处。打工和创业也是一样，如果你看不起基层的岗位，只想自己创业做老板，就会陷入高不成低不就的境遇中。因为多数情况下，成功的老板也是从基层做起来的。眼高手低，没有脚踏实地的精神，只想一夜之间赚大钱，最终的结果往往是一穷二白。

想要摆脱平庸，不是非得找个机会做惊天动地的大事。今天的成就是昨天的积累，明天的成功有赖于今天的努力，把工作和自己的职业生涯联系起来，对自己未来的失业负责，自然就能够感受到使命感和成就感。当你的努力积累到一定程度，就会从平凡中脱颖而出，甚至抵达一个出乎你意料的高度。

越是简单，越要精心

当我们谈论职业精神和职业素养时，多半不是在强调工作能力，而是在探讨工作态度。

很多时候，出色的业绩和过人的本事未必就比一些简单的小事更能体现个人价值，“以小见大”才是考验一个人的品质和能力的关键。

一位日本女大学生，很想成为正式的记者。毕业后，她到日本的一家新闻单位应聘。靠着出色的发挥和对记者工作的热爱，她被录用了。不过，由于单位里暂时没有空缺的记者职位，她只能先做泡茶的工作。

女孩的心里原本是有点失落的，可一想到能接触新闻工作者，今后还有做记者的希望，她还是决定留下来，好好干。心态放平了，做事也就专注了。她把泡茶当成自己每天的主要工作，认真地给同事们泡好每一壶茶。

如果学习只是一种记忆的重播，
我们如何认知新的事物？

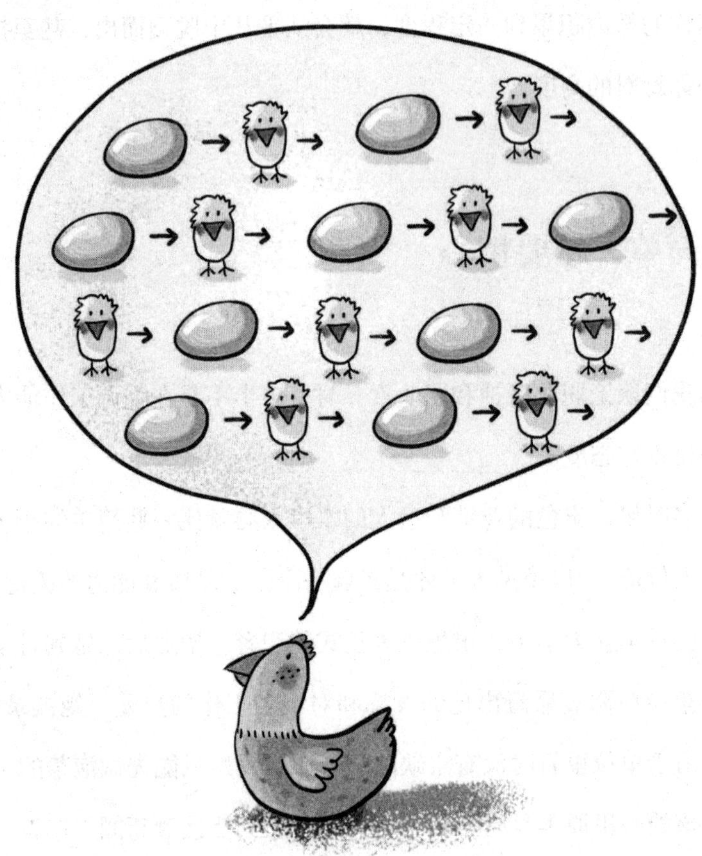

三个月过去后，女孩还是没有被安排做记者，她开始有点焦躁了，对泡茶也三心二意了，总是随意地应付。如此一来，她泡的茶自然就没有原来那么好喝了，但她自己却并未发觉。有一次，经理喝了一口她送进去的茶，非常不满地说："你这茶是怎么泡的？让人难以下咽。你都泡了三个月的茶了，到现在还做不好这件事！"

满腹委屈的她，听了这样的评价后，也是怒火中烧。她很想把肚子里的话都倒出来，然后辞职走人，可还没等她开口，经理就急着走出办公室去接待一位刚到访的重要客人，顺便交代她重新泡一壶茶给客人。

突然造访的客人，让她和经理之间的对峙有了缓冲，也让她心中的怒火平息了。她想，就认真地泡好这最后一壶茶，做好这件事，就离开这个地方。当她把泡好的茶端给客人，转身离开之际，她突然听见客人说："这茶泡得真不错啊！"经理也端起一杯尝了尝，发现跟之前喝的确实不同，也跟着说好。

听到客人和经理认同自己的茶艺，她愣住了，没想到区区一杯茶也能有如此差别。她忽然意识到，把任何一件小事做好，都会产生截然不同的效果，倘若自己具备了这样的态度和精神，何愁将来不能成为一名出色的记者呢？

她放弃了辞职的念头，决定沉下心做好泡茶的工作。自那以后，她开始认真琢磨泡茶时的水温、水量、茶叶、茶量，以及同事们的喜好、心情，还有自己泡茶时的心态等因素对茶水的影响。后来，她逐渐成了公司里的核心人物，并实现了自己的事业目标。

从这件事里不难看出，真正改变的不是环境，不是岗位，而是心态。海尔总裁张瑞敏曾经说过："什么是不简单？把每个简单至极的事情做好，就是不简单；什么是不平凡？把每一个平凡无奇的事做好，就是不平凡。”

一家大型企业对外招聘，当时应聘经理助理的实习生有10人，但最终只能有一个人获得被任用的机会。在这家公司里，经理助理相当于一个中层领导的位置，薪酬也是相当诱人的，这些实习生都是从初试中筛选出的佼佼者，每个人都对这个职位志在必得。

每位应聘者在该企业都要完成十天的实习期。一番激烈的较量后，最终胜出的是S。S很细心，通过观察，她发现该企业有一个现象：上班时间，公司里的每个人都是忙忙碌碌的，无暇顾及其他，低头专心地做自己的事。可下班时间一到，许多同事就会长舒一口气，或是伸个懒腰，然后拎起包离开办公室。有些人走得匆忙，经常忘记关掉自己的电脑和办公室的照明灯、饮水机等。后来，S就干脆最后一个回家，离开之前彻底检查一遍同事的电脑是否关闭、办公室空调是否还在运转……确定办公设备的电源全部关闭后，她才会放心地离开。

十天的实习期，转眼就过去了，公布胜出者的日子终于来了。S是一个自信的女孩，可在等待结果的那一刻，她心里还是忐忑不安，毕竟竞争对手都很优秀，大家的能力不分伯仲。当HR经理宣布入选者是S时，她愣住了，其他人也愣住了。

HR经理解释说：“10位实习生都很出色，公司之所以选择S，不是因为她在能力上更突出，而是她能把别人忽略的小事做好。你们当中，可能也有人注意到了这些问题，可都因为这样那样的原因没能坚持下去，只有S一个人坚持把举手之劳的小事做好。正是在这些不起眼的小事上，公司看到了她的可贵之处。”

洛克菲勒说过:“重视每一件小事,有了点滴的积累才能汇成大海。”罗蒙·诺索夫也说过:“不会做小事的人,也做不出大事来。”好大喜功、好高骛远,是现代人容易患的“心病”,内心装着的永远是一座需要用毕生精力翻越的高山,对身边的那些简单的小事却眼高手低,不屑一顾。殊不知,越是简单的事情,越不能大意。只有把小事、简单的事做细、做好,才具备做大事的资质和素养。

认真是实现理想的桥梁

我接触过不少在基层工作多年的人,他们都曾说过类似这样的话:“我不是甘于现状的人,就是没碰到合适的机会……”听得多了,我便不得不仔细揣摩,并意识到这句话的背后,其实隐藏着两层含义。

不甘于现状,一方面是我们所理解的有志向、有理想、有追求,不愿意一辈子平平庸庸;另一方面则是,不愿意接纳现在的工作和生活,总觉着这不该是自己应有的状况。

那么,是谁造成了这样的局面呢?机会!他们把一切归咎于外界的客观因素,强调一定要遇到某个合适的机遇,才能够改变现在的一切。

是这样吗?我想,就算真的有一个合适的机会,他们也未必能如愿以偿。

多少人都在憧憬着功成名就,在事业上有一番作为,不甘庸庸碌碌地过一辈子;多少人在寻找着成功的秘诀,试图在短期内出现逆转人生的可能……很遗憾地告诉大家,这是不可能的事。成功不是某一种品质和某一种行为塑造的，而是多方面因素叠加的结果。当你不甘现状的时候，你有没有反思过：你认真对待过自己的“理想”吗？

世上没有一步登天的事，任何人想要脱颖而出，都不免要走这样一条路：简单的事情认真做！如果连简单的事情都做不好，是不愿意付出心血认真去做，谈何去处理复杂的事、全局性的事？有谁敢冒险将这样的重担交给你呢？

昔日的同窗跟我讲过一件事：大学刚毕业时，喜欢写作的他，调入单位办公室做文职。一天晚饭后，单位领导打来电话，询问从总部发往重庆的班车情况。接到电话后，同窗立刻翻出通讯录，询问后连忙给领导回信。

“我问过了，咱们油田总部一所院内就有车。”他对自己的汇报似乎挺满意。这时，领导在电话那头又问：“车是几点的呀？”他又赶紧打电话联系，随后告知9点出发。没想到，领导还有疑问：“都有什么车？是普通大巴还是客卧？”这边同窗慌里慌张地赶紧联系，最后告诉领导：“9点有客卧。”他长舒了一口气，心想着这回总该完事了吧？

万万没想到，领导又发问了：“怎么买票呢？提前订还是上车再买？”

“您等会儿，我再问问。”

同窗听见领导在电话那头轻叹一口气，说：“得了，我已经到了油田一所院里，我自己去问吧！”说完，就挂了电话。

这本是一件小事，或者说是一次小小的失误，却给这位同窗留下了深刻的教训。

他跟我说：“如果能认真点儿，当成自己的事去办，就不会让领导觉得自己粗心大意了。这件事提醒了我，不管做什么都不能草率大意，有时你认为不起眼的事，稍微疏忽了一点儿，就会给人留下不靠谱的印象。”

什么是认真？首要释义就是——严肃对待，绝不苟且。

认真是一种态度。无论是高管还是基层，无论交予的任务是大是小，都要秉持严肃的态度去对待，不因事小而不为，不因事小而马虎。每个人都有理想，都有高远的目标，正因为此，你才更需把精力放在要做的、该做的事情上，积极、正确地去对待自己的工作。否则的话，理想就成了空想，你的不甘现状就成了好高骛远、浮躁不安。

认真是一种责任。在许多领导心目中，优秀的员工不一定要有多高的学历、多丰富的经验、多高超的技能，但是对工作要有认真负责的精神。你将他安置在任何一个岗位上，他都能一丝不苟地执行任务，将组织的事当成自己的事，将组织的兴衰看成自己必须肩负的责任，不推诿、不抱怨、不拖延，这才是真正的优秀。

认真是一种坚守。在一件事上认真很容易，但要认真一辈子，却并不简单。对多数人来说，长年累月都是做着同样的事，从早到晚都是干一样的活，辛苦、枯燥是难免的，面对这样的现实，为什么有人依然能够持之以恒地坚持下去呢？因为他们对工作充满了感恩，对组织充满了感恩，知道把自己的分内事做好，就是在为组织创造价值，也是在实现自己的价值。因为感恩，所以认真。认真是实现理想最坚实的桥梁，更是一个在繁杂的社会中立足和发展的根基。把所有的认真拿出来，放到你所做的事情中，让所有的人看到你的态度，见识你的能力，你的一丝不苟终会让你的成长道路越走越宽。

Chapter/04

摒弃抱怨，心存感恩

不懂感恩的人，再优秀也难成功

这件事发生在我服务过的一家营销公司。一直以来，这家公司的销售部在团队协作上都很突出，每个业务员的成绩也不错。可是后来，一位精英的加入却把这种融洽的氛围破坏了。在这里，我们姑且称这位精英为 Y 吧。

Y 是公司的高层直接从外部挖过来的，主要是看好了他的经验和资源。入职后不久，高层就把一个重要项目安排给了销售部，销售主管几经考虑，犹豫不决，最终没能拿出一个可行的方案。Y 觉得自己对这个项目很有把握，为了展示自己的能力，没有跟主管沟通，也没有给他看自己的方案，而是直接越过了主管，向高层说明自己愿意承担这个项目，并提出了自己的可行性方案。

总经理并不知情，就安排 Y 和部门主管共同操作这个项目。当部门主管了解了事情的原委后，心里有了很大意见，外加提前没有交流，使得两个人在工作中产生了严重的分歧，团队内部出现分裂。原本很有凝聚力的团队在精神上涣散了，项目执行到一半就流产了。

论工作能力来说，整个团队的人员都是很出色的，之所以酿成了这样的结局，主要是团队成员间缺乏沟通，尤其是 Y 过于追求个人表现，打乱了团队工作的秩序。他总想着自己是高层亲自挖来的人才，是销售行业的精英，却忘了公司不是单打独斗的地方，是需要依靠团队协作获得发展的组织。在这个组织里，个人的工作离不开团队其他人的支持和帮助，唯有带着一颗感恩的心，去和团队里的每个人融洽相处，才能实现共赢的结局。

相信大家都看过有关动物生存法则之类的节目。在非洲丛林里，狮子是动物界的“王者”，可这个“王者”几乎长期处于饥饿的状态中。是谁让“丛林之王”陷入了这样的境地？答案就是——鬣狗。

狮子捕猎向来都是独来独往的，而丛林里的鬣狗却总是成群结伙地出动。大的鬣狗群有数百只，小的也有几十只，它们很少自己捕猎，而是等狮子把猎物杀死以后，就扑上去从它的嘴里抢食！也许，在强大的狮子面前，单个的鬣狗微不足道，可成群的鬣狗团结起来，却让威猛的“丛林之王”望而却步。所以，每次争斗的结果，往往都是狮子在一旁看着鬣狗“分享”自己辛苦觅得的美食，而它只能等鬣狗们吃完后，捡一点残羹冷炙，聊以果腹。

想想上述的那个案例，Y 绝对是一个能力超群的精英人物，否则不可能被公司的高层看中并挖过来。也许就是因为这样，让 Y 自以为比任何人都强，连部门主管都不放在眼里，蔑视职场规则，完全不懂得自己要在这里长期发展，没有同事的支持与合作，是根本不可能实现的。只有带着一颗感恩的心去做事，才能得到他人源源不断的关心与帮助，在融洽的氛围中激发出更多的智慧和更大的力量。

毕业于某师范大学中文系的女生张晴，现在一家事业单位工作。单位经常要撰写各种材料，虽说她是科班出身，但对于实践性的公文写作并不太熟悉。每次写完后，她都会把材料拿给同事赵姐看。等赵姐修改后，她再去拿给科长审阅。就这样，她的公文写得越来越好，其他同事都觉得她写出来的东西没什么可修改的了，但赵姐却还是在那里东涂西抹，丝毫不留情面。张晴心里有点儿失落，但也没说什么，只是继续谦虚地请赵姐批改。

一天，上级要求科里写一份重要的材料，当材料组织好后，科长让赵姐先送去给上级把关。上级看过后，认为有些地方还需修改，赵姐就让张晴帮忙处理一下。待材料修改好后，上级连连称赞，赵姐也受到了表扬。私底下，有人对张晴说："赵姐抢了你的功，那文章是你写得好。"张晴笑着说："那怎么行呢？我会写材料是赵姐教的，她受到奖励是应该的！"

一年后，科长觉得张晴做事勤奋，为人也很踏实，就向上级宣传部门举荐了她。张晴很受鼓舞，毕竟自己所在的单位有许多同事比自己资历老、经验丰富，而自己才到单位一年就升职了，实属不易。

工作之初，张晴在撰写材料时经常受到同事赵姐的苛责，但她并未流露出任何的不满，反倒很感谢赵姐对自己的指导和帮助。事实证明，张晴因为虚心自省，懂得感恩，不仅在能力上得到了提高，还为自己赢得了升职的机会。

无论工作还是生活，遇到问题都要互相理解，多感激他人的恩惠，多反思自己的不足，少议论他人的缺点，对矛盾也不要耿耿于怀。若能做到这些，彼此的矛盾就会少许多，关系也会更融洽。也许，你会偶尔吃点小亏，受点小委屈，可从大局上来看，恰如一句格言所言："忍耐是苦痛的，但结果却是甜蜜的。"

永远不要等工作去适应你

我曾问过不少习惯性跳槽的人，到底是什么原因让他们一再地换工作？结果，听到最多的答案就是——“这个工作不适合我！”至于为什么不适合，理由就多了，如“太枯燥了”“不感兴趣”“公司氛围不好”等。

恕我直言，当他们列举各种外因的时候，我发现了一个问题，有些并非“不适合”，而是“不适应”。大家都知道，职业规划和选择是很重要的，可即便是选择了一份你无比热爱且符合你兴趣特长的职业，在工作的过程中也免不了会出现各种问题。面对这些情况，能说是工作不适合你吗？

我们不妨把“适合”这两个字拆开来看，“适”代表主动的适应，“合”代表匹配度。对于职业而言，更多的时候都是需要去“适”，才能达到“合”的状态。可惜的是，许多人只看到了“合”，却不知道所有的“合”都需要“适”的过程。

当你对工作失去了兴趣，觉得所做的事枯燥乏味，想用休假和跳槽的方式来逃避棘手的难题时，不要急着说这份工作不适合自己，认真想想：究竟是不适合，还是不适应？你必须知道，从“不适应”到“适应”是每个人在社会中都要经历的一个进化过程，如果过不了这道坎儿，那么不管你从事什么工作，都很难踏实地做下去。那些不时袭来的种种阻力，会很轻易地击溃你做事的决心和耐性。

从现实的角度来讲，我们不能祈望工作适合自己的能力、符合自己的兴趣特长，只能祈望自己去适应工作。没有顽强的适应能力，根本无法在社会中生存，更不可能有所收获。只有心怀感恩地去看待一份工作，才有意愿和动力去挑战自己、主动适应。

多年前，美国百老汇的一位导演告诉一群前来面试的舞蹈演员，他需要一个配角：一个驾驶摩托车狂飙着穿越燃烧的房子的女演员。听到这个要求后，许多女孩都觉得很失望，这任务太难了，常人根本做不到。

当这些舞蹈演员陆续离开的时候，导演发现有一个女孩留了下来，她果断地脱掉了脚上的舞鞋。导演很惊诧，走过去问她在做什么？女孩说："既然你们需要的不是舞蹈演员，那么我就脱掉舞鞋，做你们需要的演员。"

这个女孩就是世界著名的动作女星安吉丽娜·朱莉，她主演的《古墓丽影》成为许多人心中难以超越的经典。她的成功是偶然吗？当然不是！从她脱掉舞鞋的细节上便知，她无比珍惜面试的机会，且懂得随时调整自己，去适应工作、配合工作。

事实上，几乎每个行业里都有类似的情况。在刚刚接触一份新工作时，你可能会觉得它不如自己想象得好，不符合兴趣爱好，不是自己擅长的，要达到标准和要求很难……可现实就是如此，有些心愿只能是愿景，工作不可能来适应你，想立足、有发展，唯一的办法就是主动去适应环境、适应周围的人。

无论是新人还是有一定经验的工作者，进入一个新的环境，最重要的就是保持好心态，做好角色的认知，带着感恩融入组织。也许，一开始你被分配的岗位不是很适合自己，或是与从前从事的工作有较大出入，但千万不能因此心生抱怨。每个企业都有自己的特点，试着去适应环境、领导、同事，找到适合自己的位置。

心存感恩，杜绝三分钟热度

多少人刚进入一家单位，踌躇满志，信誓旦旦，立志要做出一番成就。那段充满正能量的日子，早出晚归，尽心做事，想着只要肯努力就会出成绩。然而，现实告诉我们，成功来得没那么快，总得经过漫长的积累才能初见成效。

最难熬的就是这段等待的过程，每天重复着同样的工作，好像看不到尽头一样。结果，心急的人泄气了，松懈了对自己的要求，逐渐沦落到放任自流的地步。此时，所有的正能量早就没了踪影，别说为工作做出一点儿牺牲了，就连本职工作也成了厌烦的负累。

六年前，女孩肖某进入一家大公司的企宣部工作。与同行相比，这里的待遇相对较高，发展平台也很好。刚通过面试时，肖某心里充满了激情，毕竟自己是在几十人中脱颖而出的，能得到企业高层领导们的认可，确实不易。入职那天，领导语重心长地说："希望你能一直保持这样的状态，企宣部很需要热情洋溢的年轻人。"

企宣部的"较量"是很厉害的，自诩有才的肖某到了这里，才知道什么叫作"强中自有强中手"。抱着"女文青"的自尊心，肖某总是独立承担各种活动的策划，甚至涉及一些从未了解过的领域。一年下来，她始终忙忙碌碌，但成绩却并不起眼，年底的优秀员工没有她，就连奖金也比同事少了两千元。在她看来，有个别人对工作还不如自己上心，面对如此“不公平”的状况，肖某的工作热情顿时就没了一大半。

到企宣部的第二年，肖某不再事事那么积极了。她总觉着，积极与否带来的结果都差不多。领导交予的任务，她总是用七分的精力去做，勉强通过就行，剩余的三分就用来逛逛淘宝、论坛。这样的状态持续了半年后，公司突增了一批业务，企宣部的工作开始多起来，渐渐习惯了安逸的肖某，对突击式的加班感到不适，懈怠久了更是不愿多做一点工作。

就在所有人加班加点忙着的时候，肖某向领导提出了请假一天的要求，称自己身体的情况不太好，虽然知道公司现在正缺人手，但自己提前两个月才预约到了一个专家号。领导也是通情达理的人，自然不愿员工带病工作，就批了肖某一天的假。下班的路上，肖某心里暗暗高兴，明天男友要回国了，自己一定要去机场接他。

有时候，事情偏偏就是那么凑巧。当肖某和男友牵手从机场走出来的时候，她怎么也不会想到，竟然跟自己的领导碰了面。那一刻，肖某恨不得钻进地缝里，真的是尴尬透顶，这样的情景无须解释，谁都知道是怎么一回事。她这才想起，领导今天是要出差的，是她只想着怎么请假去接男友，把这件事抛在了脑后。幸好，领导当时只像路人一样走过，什么也没说。肖某的心情一落千丈，不知今后该如何面对领导。

第二天上班后，她主动到领导办公室“请罪”，承认自己撒了谎，并告知实情。领导没有发怒，而是问了肖某一句：“听过龟兔赛跑的故事吧？”肖某一愣，不明所以。

领导接着说：“兔子之所以会输，是因为情绪和心态不稳定，一会儿想夺冠，一会儿想安逸，结果就成了 3 分钟热度。乌龟跑得慢，可情绪和认知很稳定，认准了目标就认真去做，反倒跑在了前面。”

肖某知道，领导是在用故事教育自己。既然已开诚布公地承认了自己的错，那不妨把自己心里的想法一股脑儿都倒出来，至少让领导清楚，自己不是无缘无故才懈怠了工作。

听她说完，领导回应道：“还记得刚入职时，我跟你说过的话吗？工作考验的是耐性和韧性，不是一时的热情，也不是凭借聪明就能把事情做好。这半年你的状态不是很好，但我依然看好你的潜力，希望你能对自己做一些调整，培养耐性。不妨这样说，每个员工的表现都是有目共睹的，不要太在意眼前的得失，你做得足够好，公司自然不会辜负你。”

这件事情距离现在已有 4 年多的时间，肖某非常感激领导的宽容，更感激他给自己指引了方向。“若没有那一次的谈话，我可能已经离开公司了，至于现在做什么，我也不敢保证，但多半是还在打转吧！现在看到一些新员工的状态，感觉似曾相识，我就把自己当成典型案例讲，告诉他们做事不能只有 3 分钟热度。”说这话时的肖某，已是企宣部的精英了。

在职业生涯中，想与别人竞争，在事业上有所突破，必须保持一股工作的热情。这种热情，不是短期的激情，而是对工作发自内心的热爱，它能够成为一种强大的精神力量，支撑着你征服自身和环境，创造出日新月异的成绩，成为竞争中的佼佼者。

那么，如何有效地提升工作热情，避免陷入 3 分钟热度的状态中呢？

○ 推进进度，用效率提升热情

当你做一件事的节奏变快并体会到成就感时，热情自然就会高涨。

鞭策自己推进进度的方法有很多，如随时为自己“做减法”，接到一项任务时候，将每个步骤列在工作记录上，每完成一个就删掉一个，这样随着进度的推进、工作量的减少，越到后面就越有激情，压力也会减轻不少。

○ 不急不躁，锤炼内心的耐性

还是那句话，工作是一场马拉松，不能急于一下子就达成目标。太急于达成某种愿望，就会减少思考，追求享受，热情也会随之减退，一旦中途遇到了困难，热情就会冷却到冰点。我们在案例中讲到的肖某，就属于这种情况。

有句话说得好：“不忘初心，方得始终。”想想当初为了什么而出发？又是为何走到了这里？重新审视一下你对工作的态度，找回最初的那份热情。到那时，再审视你手中所做的事，也许你会赋予它全新的意义。

带着爱和感激去做事

我一直觉得，一个人选择了什么样的工作，如何对待自己的工作，想把工作做成什么样，直接反映了他对待生命的态度。就像我所认识的成功人士中，几乎无一例外都很推崇美国教育家威廉·贝内特的观点——工作是我们要用生命去做的事。

比尔·盖茨对软件技术有着浓厚的兴趣与激情，他坦言：“每天早晨醒来，一想到所从事的工作和所开发的技术将会给人类生活带来巨大

或许人们的一切问题，
都是思维方式与自然运行方式
之间的差距

影响和变化，我就会无比兴奋和激动。”这种对工作的热爱，已成为微软文化的核心。

曾有人问巴菲特，他与比尔·盖茨有什么相似之处？巴菲特说：“我们都有激情，不是为了发财而从事当前的事业，而是因为我们热爱它。我觉得激情是极其重要的。”当有人恳请巴菲特为自己指点迷津时，他也总是这样回答：“我和你没什么差别。如果你一定要找一个差别，那可能就是我每天都充满激情做我的工作。如果你要我给你忠告，这是我能给你的最好忠告了。”

从这些世界大亨的言辞中，你也一定能够感受得到，他们对工作的激情和热爱。回到现实中，对多数普通人来说，可能难以成就这样的伟业，毕竟站在金字塔尖上的人总是少数，但这并不妨碍我们去争取属于自己的成功。

曾有三人做过一次小游戏：同时在纸片上写下自己曾见过的性格最好的朋友的名字，解释为什么选择此人。结果公布后，三人的答案分别是——

“每次他走进房间，给人的感觉都是容光焕发，好像生活又焕然一新。他为人热情活泼，乐观开朗，总是非常振奋人心。”

“他不管在什么场合，做什么事情，都是尽其所能、全力以赴。”

“他对一切事情都是尽心尽力。”

这三个人是美国及加拿大刊物的记者，见多识广，几乎踏遍了世界的每一个角落，结交过各种各样的朋友。他们互相看了对方纸片上的名字后，惊奇地发现，他们写的竟然是同一个人，即澳大利亚墨尔本的一位律师。选择他，就是因为他做事充满了热情，而在这份热情背后，是对工作的感恩，以及对生活的爱。

我们时常说，干一行爱一行，这不仅仅意味着你要做自己喜欢的事，更要爱自己所做的事。在一个岗位上，就要做好这个岗位上的事。选择了工作就如同选择了伴侣，它是你生活中的一部分，需要你去履行使命和责任，你应当感激它、尊敬它、热爱它。

邢少军，一个普普通通的环卫工作人员。1992年，他从中山大学环境保护专业毕业，而后分到海口市环卫局规划科，这份工作非常轻松，没有压力，可邢少军并不喜欢，总觉得自己无用武之地。

几个月后，邢少军主动申请到垃圾处理场工作。谁都知道，这是一个苦、脏、臭、累的地方，距离海口市区18公里，工作环境十分恶劣，人还没走进垃圾场，密密麻麻的苍蝇就粘上身了。邢少军不是一时冲动，也不是骄傲气盛，选择了去垃圾处理场工作，一干就是8年之久。

这8年的时间，他是怎么度过的？他整天与臭气熏天的垃圾打交道，深入现场，收集、分析数据，和工人们一起研究制定出推平、填埋、喷药、覆土、植绿等一系列科学、合理的垃圾卫生填埋处理程序。在较短的时间内，就让一个管理混乱的垃圾场改头换面，连续两次在全国卫生检查评比中得了满分，受到上级领导的高度赞扬。

为了进一步提高海口市的生活环境，使市内的生活垃圾真正达到无害化处理的要求，邢少军和建设部城建设计院的同志一起，担起制定海口市生活垃圾处理规划的重任。为了取得垃圾成分的原始数据，他无论严寒酷暑、风霜雪雨，每天骑着自行车走街串巷，抽取样本，将垃圾分类收集、过磅、烘干、称重。这些完善的第一手资料，为后来颜春岭垃圾场的建立，提供了科学可靠的数据依据。

二十几年来，他不断实践、摸索，在垃圾处理方面创造出一套适合海口现状的方法，科学地完成海口市每天近千吨生活垃圾的无害化处理任务，成为垃圾处理领域的技术骨干、带头人。

从重点大学的毕业生到与垃圾奋战的“城市美容师”，在单调重复的过程中体味到丰富多彩，在旷日持久的坚持中作出了奉献。对于所有与邢少军一样的人来说，选择了一份职业，就等于选择了一种生活方式，要满怀感恩地去适应它、热爱它、做好它，而不是做无用的抱怨。

如果你是医生，救死扶伤就是你的职责；如果你是教师，传道授业就是你的义务；如果你是律师，维护客户权益就是你的责任……世上的工作没有贵贱之分，只有职业不同之别，无论此刻的你在做什么，请把你的职业当成信仰一样尊重，当成亲友和伴侣一样去热爱。你爱，灵感才会迸发；你爱，激情才会长存；你爱，进步才会不断；你爱，成功才会降临。

从“要我做”到“我要做”

有一家企业在面试时，设置了这样一个有趣的环节：每次有人去面试，面试官都会先给对方倒一杯茶，而后观察应聘者的反应：有些人看到面试官给自己倒茶，动也不动，心安理得地坐在椅子上；有些人会把茶杯拿起来放到边上，略带羞涩地道谢；还有一些人会站起身来，抢过茶壶，说：“我来，我来……”面试官透过这些反应，体察到不同人的素养。

第一种人连基本的礼貌都不懂，无论企业和老板给予他多少重视和激励，他都视为理所应当，不会心存感激；第二种人虽有礼貌，但不够主动，只会按部就班做好本职工作；第三种人，是最具有积极主动性的，他可以主动跟踪没有回音的客户，主动向老板汇报工作的进度，这样的人会在工作中各个方面积极地发挥能量。

在工作这件事上，不能永远等着领导来安排任务，处在一个“不推不走、不打不动”的状态中。没有哪个领导喜欢这样的人。如果心里时刻装着工作，那么在领导尚未安排任务之前，完全可以根据公司发展和规划的要求，主动去找事情做。这样不仅可以展示自己的才能，还能得到被重用的机会。

一位即将毕业的研究生，被导师推荐到一家科研机构实习。刚到那里时，没有人管他，也没有人理他，他成天干坐着，一坐就是十来天。他觉着这样下去不是办法，就主动跟正式员工们沟通交流，参与大家的讨论，用他自己的话说就是“找点儿事情做”。

恰好，当时该单位正在开发一个金融数据库，大家忙得不可开交。他很自然地加入其中，做一些力所能及的事，积极主动地出谋划策。很快，在所有员工的努力下，程序开发出来了。通过这段时间的接触和交流，公司员工也看到了他的能力。此后，部门一接到任务，他也像正式员工一样，负责某一环节。

实习期结束后，主管看到他与部门同事相处甚好，且在工作方面也的确很努力，就问他是否愿意成为单位正式的一员。且不说这家单位的待遇和福利，单凭知名度来说，这家单位就是多少人梦寐以求的，作为一个初出茅庐的新人，能得到单位领导的赏识，以及同事的认可，他感到无比荣幸，也很感激主管的赏识。之后，他就加入了企业，并在后续的研发工作中作出了不小的贡献。

其实，一个不拿薪水的实习生，就算他没做出什么贡献，别人也不会说什么。但是，他能够主动找事情做，完全把自己当成正式员工，这样的人有哪个企业不愿意要呢？毕竟，企业不是福利机构，对于多数普通的员工来说，领导一方面看重的是你的技能与才华，但他更看重的是，你愿不愿意主动为企业奉献出你的才能。

领导的任务是负责统筹和规划，整体把控组织的发展，难有时间和精力去查看每位员工的工作完成状况，并及时地分配新任务。作为员工来说，若只抱着完成工作就好的心态，很难成为卓越者。你想赢得辉煌的成就，应当在做好本职工作以外，主动去寻找一些事情做，哪怕领导并没有要求你这么做，但只要对组织有益的事，就值得你去做。

W 是一家公司的商务助理。一天午休时，客服部经理问她，有没有谁的工作不太紧张，帮忙处理一下手头必须完成的文件。W 告诉他，公司的人都出去用餐了，再晚来 5 分钟的话，她也要走了。客服部经理听后，带着一丝遗憾的神态准备离开。见此，W 主动告诉他，自己愿意留下来帮忙，因为“午饭可以等一会儿再吃，工作却不能延误”。

做完工作后，客服部经理才想起问 W 的名字，然后向其致谢。W 并没有把这件事放在心上，她觉着都是为公司服务，没什么可说的。然而，一个月后，公司人事发生了调动，客服部要重新调换主管。谁也没想到，最后公布出来的名单竟然是 W。

许多人对公司的决定感到不解，尤其是在客服部的员工，要求公司作出解释。后来，还是即将升为副总的客服部主管出面，将那天中午的事情告诉了大家。按照岗位的职责来说，W 没有责任利用自己的午餐时间和休息时间去帮客服部做事，但她却积极、主动地做了，并没有任何的不满和怨言。客服部是一个特殊的部门，正需要像 W 这样积极主动、乐于承担的人，尤其是那种“我能为企业、为他人做什么”的精神，正是处理客户问题的关键。

工作首先是一个态度的问题，其次才是专业技能。组织需要的人才，是发自肺腑地热爱他所做的事，积极主动去承担更多的工作，而不只是机械地完成任务，被压迫着前进。许多人都认为“没事儿上网聊聊天，一晃荡就是好几天”是占到了“便宜”，却不知这是危机的开始。领导没有安排工作给你，却一分钱也没少付你，这样的关系是不可能持久的。企业和社会需要的是“眼里有活儿”的人，把“要我做”变成“我要做”，哪怕不是自己的分内事。

别总因为自己的岗位平凡，薪资平平，就放弃了付出和努力。多一份感恩，养成主动做事的习惯。时间久了你会发现，即便自己没有名牌大学的学历，不是头顶光环的海归派，你一样可以摆脱平庸，日渐变得优秀。

解决问题从改变自己开始

两年前，做翻译工作的朋友杨航到美国出差，期间遇到了这样一件事：

那天，杨航带着行李从酒店出来，一辆出租车在他面前停了下来。

或许生命会自己为自己开辟
令你意想不到的道路

出租车司机下车，为他打开车门后，递给了他一张精美的宣传卡片，上面写道：“我是吉姆，我将您的行李放到后备厢去，您不妨看看我的服务宗旨。”

杨航惊讶地看着那张卡片上的文字：“在友好的氛围中，将我的客人最快捷、最安全、最省钱地送到目的地。”从业多年，他去过多个国家和城市，但这样的出租车司机和服务宗旨却还是头一次看见。

开车之前，吉姆问杨航：“您要来一杯咖啡吗？我的保温瓶里有普通咖啡和脱咖啡因的咖啡。”杨航觉得新鲜有趣，笑着说：“谢谢，我不喝咖啡，只喝软饮料。”吉姆微笑道：“没关系，我这儿有普通可乐和健怡可乐，还有橙汁。”杨航惊讶得有点不知如何接话，停顿了两三秒钟后才说：“那就来一罐健怡可乐吧！”

吉姆把可乐递给杨航，继续说道：“如果您还想看点什么，我这里有《华尔街日报》、《时代》周刊、《体育画报》和《今日美国》。”说着，他又递给杨航一张卡片，“您想听音乐广播吗？这是各个音乐台的节目单。”他似乎还嫌这样的服务不够周到，又问车里的空调温度是否合适，并提出了最佳路线的建议。

杨航觉得越来越有意思，就问吉姆：“你一直是这样为客人服务的吗？”吉姆笑着说：“不，我也是最近两年才开始这么做的。之前，我跟其他出租车司机一样，大部分时间都心怀不平，整天在抱怨。直到有一天，我听到广播里介绍一位成功学励志大师的书，里面有一句话打动了我——停止抱怨，你就能在众多的竞争者中脱颖而出。”

这句话让吉姆茅塞顿开，他开始留意其他同行，发现许多出租车都很脏，司机的态度也不好。别人就像一面镜子，让他从另一面看到了自己，他决心要做出一些改变。没想到，就在改变的第一年，吉姆的收入直接翻了一倍。他告诉杨航："今年的收入大概会是以前的四倍之多。现在，几乎都是客人打我的电话预约。"

听杨航讲到出租车司机吉姆的故事时，我很羡慕杨航，能够享受这样一次有趣的行程。现实告诉我，坐了多年出租车的我，还从来没有遇到过这样的事情。更多时候，我所碰到的司机不是沉默不语，就是埋怨路况不好，指责其他司机。偶尔遇到点儿爱说爱笑的，也只有少数人流露出对工作和生活的满足。

其实，不光是出租车行业，其他领域的工作者，在心态方面也都存在抱怨的问题。比如，接到任务还没开始做，嘴上就开始抱怨："哎呀，我又得加班了！""我周末又不能休息了。""这活儿怎么没完没了啊？"再如，遇到一点难题，不先想着怎么解决，就开始嘟囔："真是诸事不顺。""怎么这么倒霉？"等等。

有句话说："面对工作，要么辞职不干，要么闭嘴不言。"既然无论如何都要做事，为什么不试着改变一下心态呢？有时候，就只是改掉一句口头禅，改变看事情的角度，厌烦的事情就会变得不那么糟糕，平凡的人生也会变得不平凡。

我曾就工作心态的问题，拜访过一位500强企业的女经理人。回顾自己一路走过的点点滴滴，她是这样说的："如果对现状不满，就设法改变它。如果改变不了事物的本身，就努力改变自己的心态。千万不要抱怨，因为抱怨解决不了任何问题。公司里的每个位置对于企业的生死存亡都起着至关重要的作用，当一个位置的价值得不到充分体现时，就会直接削弱整个企业的生命力。无论你在工作中扮演的是什么样的角色，都要尽力演得最好。”

成功不是追求得来的，而是被改变后的自己主动吸引而来的。无论你现在做什么工作，只要已经开始做了，就不要吝啬勤奋和努力，更不要心猿意马，抱怨连连。在工作中羁绊和束缚我们的，往往不是别人，而是自己。如果你能换一种思维方式去看待问题，对已经拥有的东西心怀感激，并且适时地改变一下自己，你会发现，那些令你感到“厌烦”的人并没有那么讨厌，而你的职场生涯也可能从此变得一帆风顺了。

与其抱怨，不如努力实干

现实中有一类人，无论遇到什么事，最先想到的不是寻找解决的办法，而是喋喋不休地抱怨。初出茅庐的时候，会抱怨就业太难；找到了工作，又抱怨薪水太低，不受重视；跳槽之后，开始抱怨组织的发展平台不够好，觉得自己辛苦地付出，却得不到提升的机会……总而言之，无论什么时候，走到哪儿，都少不了怨气，就好像抱怨能解决所有的问题。

抱怨是这个世界上最没有意义的事，就职场人来说，如果真的对自己所处的职位及现状不满，每天想着“我没有升职，我没有加薪，我得不到重用”，无异于浪费时间。与其这么抱怨，倒不如把注意力集中在“我为什么没有升职，我为什么没有加薪，我为什么得不到重用”上，至少可以看清自己的缺点，给自己一个准确的定位，知道自己到底该做什么。

很多时候，是我们把问题无形地扩大化了。当你在工作中遇见麻烦的时候，不妨想想《致加西亚的信》里的罗文：他接受了一个任务——给加西亚将军送信，可是谁也不知道加西亚将军在什么地方，谁也不知道如何才能联系上将军、怎样才能到达。面对这样的难题，罗文没有任何抱怨，他无条件地努力执行任务，不顾一切把信送达目的地。

如果你要问：罗文在徒步三周、历尽艰险、走过危机四伏的国家，把信送给加西亚的过程中是否抱怨过？很抱歉，我们不得而知，书中也没叙述。可我们从最后的结果可以推断出：就算罗文真的有过抱怨，可他在几番纠结之后，一定是把抱怨化为努力。因为，只有努力才是确保完成任务的唯一途径。

世上不存在上天的宠儿，所有的成功都离不开实干，努力地付出是解决问题的必经之路。唯一的区别在于，有些人太过看重挫折和不公平带来的委屈，把时间和精力全都用在了抱怨上，白白丧失了改变的机会；而有些“幸运儿”在遭受不公平时，总是把悲痛、愤怒化为动力，把抱怨化为行动，踏踏实实地去改变窘境。无论他们面对的是平凡的琐事，还是超高难度的项目，始终如一保持着努力肯干的态度。

已故音乐人迈克尔·杰克逊曾在他的音乐作品《镜中的你》里写道：“如果你要让这个世界更好，仔细地看看自己，然后改变自己。”抱怨有时候可以发泄情绪、缓解压力，但过度的抱怨只会让人更消沉、更抑郁，在丧失信心的恐惧中迷离。所有的问题，都不会因为抱怨和斥责而改变，最好的解决方式是改变自己。

一个孩子在父亲的葡萄酒厂里看守橡木桶。每天早上，他都会用抹布把一个个木桶擦拭干净，然后整齐地排列好。可让人生气地是，往往一夜之间，风就会把排列整齐的木桶吹得东倒西歪，狼藉一片。

男孩心里很苦闷，就开始想要怎么才能解决这个问题。很快，他就有了主意：他挑来一桶一桶的清水，把它们倒进那些空空的橡木桶里。第二天早上，他很早就起床跑到放桶的地方看，果然那些木桶依然整齐地待在原地，没有一个被吹倒。

故事很简单，方法也很简单，可喻示的道理却不俗：我们改变不了天气，左右不了风向，改变不了世界上的很多东西，但我们可以通过改变自己，给自己不断加重，来抗拒外力的侵袭，继而征服一切。

成功大师奥里森·马尔登告诉我们："不要老是抱怨。过多的抱怨只是一个人衰老的象征，真正的强者是从不抱怨的。命运把他扔向天空，他就做鹰；把他置身山林，他就做虎；把他放到草原，他就做狼；把他投到大海，他就做鲨。"

在一次管理培训课程结束后，某单位的销售总监 H 私下找到培训老师，诉说自己在工作上的一些困惑。他很年轻，但看起来十分精干。他说，自己在进入现在的单位之前，曾就职于某知名组织，担任销售经理的职位，后来是一家猎头公司将他推荐到了现在的单位。从职位和薪水方面来说，这份工作要比过去好，按理说应该算跳槽跳得比较成功，可他的真实感受却不是这样，反倒一天比一天压抑。

现在的单位成立时间不长，在战略思维、管理模式和工作流程上都存在很大问题，且单位各方面都受领导主观意志的影响。有时，领导的想法变了，整个链条就会发生改变。对此，H 非常不适应，有时还会跟领导唱反调，弄得他和领导之间的关系有些僵硬。鉴于这种情况，他想到了辞职。

培训师听完H的这番叙述后，做了一个分析，认为他可能是从大单位跳到小单位之后存在不适应的现象，但建议他最好别轻易提出辞职，尽量去适应这种变化并积极想办法帮助组织尽快成长起来，这也是提高自身的一个绝佳途径。

两个月后，H打电话给培训师，说他在单位“忍耐”了这段时间之后，发现单位虽然有很多地方不够健全，但还是一直在进步的，且他也在努力协助领导做好一切事务。现在，他还是决定继续留下来，施展自己的才华。

纵观整件事，我们会发现：组织没有变，领导也没有变，可H的感受却完全变了。那么，之前的问题出在哪呢？很简单，H没有静下心去努力，而是把精力都用在抱怨上了。职场生涯有几十年，我们可能要换很多环境，想要得到更高的薪水和职位，跳槽到小组织也是一种办法，可小组织也有小组织的问题，人才的价值就在于能否帮助组织去解决问题，摆脱不完善的制度和落后的现状。组织需要的是愿意以行动践行感恩的人，青睐的是脚踏实地工作的人，而不是只顾挑剔、整天抱怨，却不思考如何解决问题的冗赘。

任何指责和抱怨都是无能的表现，与其满腹牢骚地抱怨，不如努力实干；与其抱怨别人，不如提升自己。只有在工作中多一分感恩，多一分耐心，充分挖掘自身的潜能，发挥自己的才干，才能在组织的发展中实现人生的价值。

精神饱满地迎接加班

一个很有创意天赋的女孩子，过去曾在服装公司担任设计师，现在自己经营着一间原创女装工作室。她在服装公司上班时，刚好是我的老客户张先生的下属，也是通过这层关系，我才有幸认识这个普通却又不同寻常的女孩。

那是七八年前了，我因急事去找张先生拿一份文件，当时已是晚上8点钟，他告知正在公司加班，我就去了他的单位。本以为都这么晚了，应该只有张先生在加班，却不料还有他的爱人，和一个年轻的女孩子。见我来了，女孩还热情地给我倒水，看上去神采奕奕，似乎并未对加班这件事表现出多么冷淡和不悦。

从张先生口中得知，近期公司的业务量骤增，不得不加班加点地赶进度。他和爱人是公司设计部的主力，而那个年轻的女孩是新来的设计师，虽然经验不足，但人特别勤奋。从昨天早上8点半来公司，一直到现在，已经整整36个小时了，那女孩子一直没有离开过办公室。事实上，没有人要求她加班，是她主动提出来的，说："最近任务量这么大，多一个人就多一份力，虽然我没什么经验，但留下来也总是有用的，至少能帮你们（张先生和妻子）订餐叫外卖，或是打印点儿东西什么的。"

说到这儿，张先生的神态里流露出一丝感动。我非常理解他的感受，老板的压力向来都比员工要大，但真正能站在老板的角度去看问题，设身处地为老板着想的员工，却不多见。每家公司都有抱怨薪水低、环境差、工作又不肯努力的人，无论新人还是老人，可如今在他最需要人手的时候，有人主动站出来，不要任何酬劳，只为协助自己，一心为公司着想，多么难能可贵啊！更何况，这个女孩子来公司才两个月，根本谈不上与公司有多么深厚的感情。但只此一次，她就给张先生，也就是她的老板留下了可靠的印象，而我也被这个女孩的职业精神打动了。

后来的这几年里，我跟张先生陆续有些业务上的联系，又见过那个女孩子几次。她从普通的设计师，被提升为设计部的主任，为公司创造了丰厚的效益。就在去年，她跟张先生提出，想自己经营一家原创女装的工作室，这是她的理想，希望张先生可以理解，并接受她的辞职申请。如今，女孩开创了自己的事业，但她与张先生夫妇依然保持着朋友关系。

这是一个真实的平凡女孩的职业成长记录。从初出茅庐，到顺利晋升，再到开创自己的事业，许多人都觉得她一路走来很顺利，可在这份顺利的背后，她付出了多少，又有谁知道。就如现在，许多人都知道女孩有了自己的女装工作室，但在七八年前她连续 36 小时工作的那份辛苦，有谁能体会得到？

现在，经常会有人问我："怎样才能看出一个人是否对工作充满热情？"我给出的最简单、最直接的回答就是："看他对待加班的态度。"如果他能心平气和、爽快地接受加班，并在加班时保持积极振奋的样子，那他必然是热爱这份工作的；如果他怨声载道，一边加班一边偷懒，那他多半只想凑合干着、混日子拿工资而已。

说到底，对加班这件事的态度，间接地反映了一个人对事业的想法。芸芸众生，多数人是平凡的，但谁能够对平淡的日子多一份感激，在平淡中多付出一分、多坚持一分，谁就能够超越平凡，走在别人的前面。加班无疑是辛苦的，需要额外的付出，当你能把这份额外的付出看成额外的收获时，心态就会发生变化。

我认识一家出版社的编辑主任，不但文笔好，对工作也很认真。提及自己的职业经历，他给我讲了这样一件事。

他是十年前进入这家出版社的，开始是在编室里做流程编辑，后来逐步开始尝试做策划编辑。前年，社里要进行一套大部头书稿的编辑，当时每个人都很忙，但领导似乎并没有增加人手的打算，这就使得编辑部的人经常要加班，或者是被派到发行部和业务部帮忙。对领导的安排，他非常坦然地接受了，而其他的编辑却总是牢骚满腹，尤其是被借调的人，总觉得干的不是自己的分内事。

有同事问他："你不觉得烦吗，每天做着不顺手的事？"他笑笑，说："不烦，我倒是挺感谢领导这样安排，让我有机会体验一下做其他工作的感觉，还不用丢了自己的饭碗，挺有意思的。人生在于体验嘛！"见他还能开玩笑，同事觉得实在不可思议，毕竟加班借调这样的事，真的看不出有什么便宜可占。

那几个月里，他几乎是编辑部里一个人人都能指挥的人，不仅是加班审稿、跑印刷厂、邮寄等，还要参与直销的工作，只要有部门有岗位需要人手，他马上就到位。果然，当繁忙的工作告一段落后，他惊喜地发现自己真的占到了便宜，从编辑到发行、再到直销等一系列工作，他全部摸透了，把他放在那儿都能直接上手。

半年后，领导整合编辑部，他顺利晋升为编室主任。

领导的眼睛都是雪亮的，心里都有一本账，什么样的下属兢兢业业，什么样的下属吊儿郎当，他们嘴上不说，但心里却很清楚，这也是他们评价下属、赏识和提拔下属的重要依据。

作为下属，对工作永远不要持轻率的态度，无论是正常工作时间还是加班时间，都应当保质保量地去做好该做的事。尤其是面对加班这件事，既然无可避免，就要保持积极的状态，而不是敷衍了事。

要说明的是，不要为了取悦领导刻意加班表现，领导都希望员工在规定的工作时间内轻松地完成工作，这是工作能力的体现。上班的时间要争取高效地完成任务，在组织有需要的时候心甘情愿留下来付出，以最佳的精神状态接受加班。

机会藏在“阴暗”的地方

在一次应届大学生招聘会上，面试官问应聘者：“你认为自己有什么样的优势，可以胜任应聘的岗位？”年轻的应聘者几乎不假思索地回答说：“我非常喜欢你们的组织文化，我不知道自己的优势在哪儿，您觉得我适合做什么就安排吧，我都会努力学习并做好的。”

对于这样的应聘者，面试官总是喜忧参半，喜的是他们对于组织的认可，忧的是工作不是只凭借喜好和热情就能胜任。很多员工在入职后，专业技能、知识经验都无法满足工作的需求，一旦出现问题，就会不假思索地去问领导该怎么办，让领导来做问答题。如果领导不满他的这种表现，或是态度上有点冷落，一些人又会觉得组织不适合自己，领导不重视人才，没有发展的机会，怨声四起。

可是，站在旁观者的角度看，我们不禁要问：真的是平台不好吗？真的是没有机遇吗？要知道，员工的首要任务就是承担起工作的职责，具备独立思考和完成工作的能力，这才算得上胜任，才有机会谈及成长、发展。

一位负责人曾经说："不要问单位什么时候给你升职加薪的机会，只要你足够努力，足够闪亮，机会随时可以被创造。"这句话的意思很明显，不要随意羡慕别人升职加薪，抱怨自己没有机会，任何事情都是有原因的。任何一个组织都有人才缺失的烦恼，若是你没有得到组织的重用，只能说明你还尚未做出体现自己能力的事情，还不足以让人刮目相看。

在不如意时牢骚满腹、郁郁寡欢、烦恼抱怨，结果还是只能停在原地徘徊。自以为是地咒骂眼前的"阴暗"，却不知道那"阴暗"正是自己的影子。唯有对工作充满感恩的人，才能够用智慧去发现机会、把握机会，把原本的无奈变成美好的可能。

马云在香港出席青年创业论坛、分享经验时，被问过这样的问题：哪里最有机会？

当时，他给出的回答是：只要有抱怨的地方，有投诉、不合理的地方就有创业机会……你就看看每天互联网上抱怨的事情那么多，这些都是机会。你加入抱怨就永远没有机会，你要将别人的抱怨、仇恨、不靠谱的地方变成你的机会。

多数时候，我们抱怨的，都是生活中的弱点、缺陷和不如意的地方，可这些"阴暗"并非一无是处。组织规模小，刚好能够身兼数职学更多的东西；上司安排任务多，刚好可以免费锤炼自己的能力；有些问题处理得不好，刚好能发现自己的不足；有些事情令你感到畏惧，刚好你可以克服障碍挖掘潜能……只要学着不抱怨，成为一个懂得感恩、积极向上、做事有心的人，我们都有可能在阴暗的角落里发现另一片天空。

Chapter/05

感恩是一种承担，责任的背后是机遇

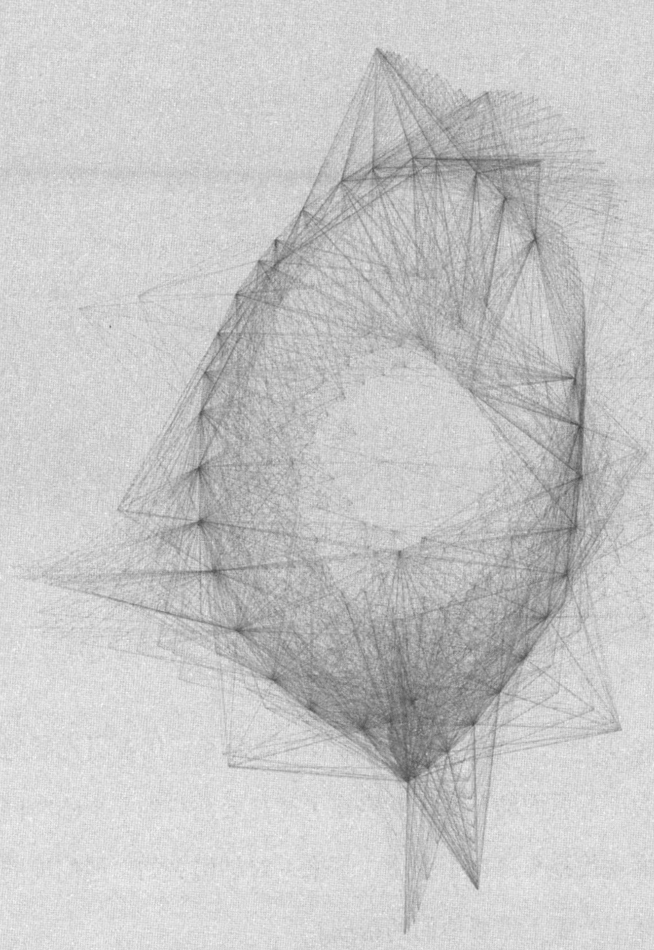

强烈的责任心，来自感恩

我们在生活和工作中遇到的一切悲欢离合，都是上天给我们的独特人生感受，都是值得感恩的。

不知道感工作之恩，就不能产生发自内心的责任感，尽自己的职业责任。要想成就自己美好的职场人生，我们需要用感恩的心，让责任成为一种自觉。如果你足够细心的话，你会从那些出色的工作者身上发现一个共性：他们对组织、对工作总是心怀感恩，无论环境好坏，无论能力高低，无论任务难易，只要是与组织有关的一切事务，他们都乐意去承揽、去解决，绝不会因为怕担责任而拒绝，或是逃避。他们对工作的热爱，不是两三天的新鲜劲儿，也不是靠高薪来维持，而是时时刻刻都在心理揣着一份感恩与责任，无论是否有人提醒告知，都会铭记一点：这是我的工作，这是我的责任！

20 多年前，我国有一个代表团到韩国洽谈商务。代表团先导的车开得比较快，为了等后面的车队，就停在了高速公路口的一个临时停车场。突然，一辆现代跑车停在了旁边，下来一对韩国夫妇，他们询问先导是不是车子坏了？需不需要他们的帮助？

这样的情景让先导很感动，但同时也很纳闷：他与这对韩国夫妇只是陌路，他们为何如此热情？后来，先导才知道，原来这对年轻的韩国夫妇是现代汽车集团的员工，而先导所开的车正是现代生产的。

回忆起这件事，代表团的工作人员感慨良多："这对韩国夫妇开着跑车，也许是去度假，也许是去处理其他的事情，但无论去哪儿，显然都是在非工作时间、非工作场地，就因为我们停靠在路边的车是他们公司生产的，就对一个与自己工作职责没有任何关系的问题给予高度的关注。显然，他们已经把与公司有关的任何问题都当成了自己的问题，这种对工作的热爱、对工作的责任心，着实令人感动和尊敬。"

其他企业中也不乏有责任感之人，但与韩国现代汽车公司的那两位员工相比，许多人的责任心是分时间和地点的。下班时间一到，立刻收拾东西离开；走出办公室大门的那一刻，工作就完全被抛在了脑后。更有甚者，对工作的热情完全是在表演，一旦领导离开了视线，就会松懈下来、敷衍应付。

这样的员工，对企业缺少一份感恩，也不是真的热爱工作，心里更没有"责任"二字。说到底，每个人都是在为自己工作，而不是为领导工作。真正的负责，是不管什么时间、什么地点、领导在与不在，都把组织的事当成自己的事，始终如一。

某著名导演曾经讲过这样一件事：有个农村的孩子，从小生长在矿区。他的父亲是从事高危工作的矿工。由于家境不好，读初中时他就背井离乡，到台北半工半读，甚至一度因为没有钱缴纳学费而被迫中途休学。

为了维持生计，他曾在一间牙科诊所找到了一份打扫卫生的工作。诊所里的医生和护士发现，这个孩子很特别，患者前脚刚走，他后脚就拿着拖把来擦地，一天下来，不知道要擦多少次。见他如此辛苦，一位好心的医生提醒他：“地板一天拖一次就行了，不用一直拖。”谁料，这孩子却说：“诊所铺的是磨石子地板，人走过去就会留下脚印，所以我要不停地擦。”其实，地板上的脚印并不明显，他完全可以不那么做。诊所里的人都很敬佩他认真的态度，尽管他做的只是打扫卫生而已。

后来，这个孩子的人生也并非一帆风顺，但他始终保持着当年“擦地板”的精神，无论做什么事情都把责任放在心里。若干年后，这个孩子成了一名导演，并逐渐有了声名。故事讲到这里，所有人才恍然大悟：原来这是那位名导的亲身经历。通过自己的故事，他告诉所有人：“尽管你现在可能只是个端盘子的服务生、洗车的工人，但你要尊敬你的工作。任何时候，都要对你的工作负责。”

我曾参观过一家外企的机器制造厂，并在那里目睹了这样一件事：

一个小伙子，在偌大的车间里认真地捡小零件，身边的同事不停地催促他：“你走不走呀？天天费这个劲干吗？工作了一天这么累，还捡这玩意儿干吗？都是没用的东西。再说了，你帮公司捡，公司也不给你钱。弄不好，还会落得一个出力不讨好的下场，有些人说话可难听了。”小伙子笑笑，让同事先走，继续捡他的零件。

这一幕，刚好被我和车间的负责人看到。领导问他：“别人都下班了，你怎么不走？捡这些没用的小零件做什么呢？”小伙子说：“大家都习惯把这些小零件到处乱扔，不收拾一下车间就太乱了。况且，我觉得一个零件就是一个硬币，扔了怪可惜的，要是都积攒起来，也不少呢！”车间领导点点头，大概是因为当着我的面，并未多说什么。那个小伙子，也继续安静地捡他的零件。

几个月后，我再次和该企业的车间领导碰面。席间，他跟我提起了数月前在车间里捡零件的小伙子，问我还有印象吗？我说印象很深刻。他告诉我，最近车间里要选拔一位副手，他正打算提拔这个小伙子。

我想，换成我是车间的领导，也会重用这位年轻人。当别人休息的时候，他在车间里捡别人乱丢的零件，不是为了酬劳，也不是为了作秀，只是出于对工作的认真和负责，对企业的感恩与忠诚。其实，工作这件事是很公平的，它总是会给懂得感恩、愿意付出的人以丰厚的回报。

没有不需要承担责任的工作

希腊神话中，人始终背负着一个行囊在赶路，肩上担负着家庭、事业、朋友、儿女、希望等，历尽艰辛，却无法丢弃其中任何一样东西。因为，行囊上面写着两个字：责任。

走出神话，回归现实，亦是如此。每个人在生活中扮演着不同的角色，无论出身贫寒或富贵，都当对自己所扮演的角色负责。文成公主远嫁吐蕃，花木兰代父从军，张骞通西域，玄奘西游拜佛求经……都是在做自己该做的事，尽自己该尽的责任。

人可以清贫，可以不伟大，但不能没有担当，无论何时都不能放弃自己肩上的责任。有担当的人生才能尽显豪迈与大气；有担当的家庭才有安稳与幸福；有担当的社会才能有和谐与发展。只有勇敢承担责任的人，才会被赋予更多的使命，才有资格获得更大的荣誉。丢掉了担当，就会失去别人对自己的尊重与信任，最终失去所有。

如果，你就是车头，
你应该跟着谁的尾灯呢？

经常会听到一些人抱怨，说领导给自己安排了太多的工作，却从来不提涨工资的事，自己一点儿动力都没有，每次都是敷衍了事。说这些话的人，其实是很不负责任的。试想一下：医生能因为工资低、病患多，就敷衍了事地对待病人、马马虎虎地去完成一个手术吗？护士能因为总加班、琐事多，就漫不经心地给病人用药吗？不要觉得，只有这些与生命息息相关的工作，才需要兢兢业业、谨小慎微、尽职尽责，任何一个企业、任何一个职业、任何一个岗位，都需要心怀感恩、有责任担当的人。你玩忽职守、随随便便，就等于放弃了工作中最宝贵的东西，也势必会为此付出沉痛的代价。这种代价，或是金钱，或是生命。

曾经，一所中学在下晚自习时，1500多名学生在从教学楼东西两个楼道口下楼时，教学楼的一段楼梯护栏突然发生了坍塌。由于楼道里没有灯光，一片黑暗，且楼道内十分拥挤，学生们在惊慌失措的情况下，多人摔下楼梯，最终导致21人死亡、47人受伤。

警方调查后发现，酿造这起惨剧的原因是：学校基础管理工作混乱。

首先，在事故发生地的楼梯处，12盏灯中，1盏灯没有灯泡，其余11盏灯不亮。事故发生的当天下午，有老师向校长反映了照明的问题，可校长却以管灯泡的人员不在为由，没有及时处理潜在的安全隐患。其次，技术监督部门怀疑，该校教学楼楼梯护栏实际使用的钢筋强度没有达到相关标准，很可能在建造过程中偷工减料了，且学校在这座教学楼未经验收的情况下就投入使用，完全没有考虑到师生的安全。再次，事故发生时，带班在岗的校长敷衍塞责，正与市教委、本校和其他学校的18位老师在一家饭店喝酒。

回顾整件事情的经过不难发现，惨剧的发生绝非偶然，若相关人员没有玩忽职守、忽视责任，也许就不会让那么多如花的生命黯然凋零了。放弃在工作中的责任，就如同放弃工作本身，这种代价是巨大的，甚至是你意想不到的。

美国火车站有一个火车后厢刹车员，人很机灵，总是笑眯眯的，乘客们都挺喜欢他。可每次遇到加班的情况，他就会抱怨不停。有一天晚上，一场突然降临的暴风雪导致火车晚点，这就意味着他又得加班了。他一边抱怨着天气，一边想着如何逃掉夜间的加班。

暴风雪本来已经够令人心烦了，更糟糕的是，它又阻碍了一辆快速列车的运行，这辆快速列车几分钟后不得不拐到他所在的这条轨道上来。列车长收到情报后，立刻命令他拿着红灯到后车厢去，做了多年的刹车员，他也知道这件事很重要，可想到车厢后面还有一个工程师和助理刹车员，他也就没太在意。他告诉列车长，后面有人守着，自己拿件外套就出去。列车长严肃地警告他，人命关天，一分钟也不能等，那列火车马上就来了。

他平日里懒散惯了，列车长走后，他喝了几口酒，驱了驱寒气，吹着口哨漫不经心地往后车厢走去。可等他走到距离后车厢十几米的时候，他突然发现，工程师和助理刹车员竟然都没在里面。这时，他才想起来，半个小时前他们已经被列车长调到前面的车厢处理其他事情了。

他慌了神，快步地跑过去。可是，太晚了！那列快速列车的车头瞬间就撞到了他所在的这列火车上，紧接着就是巨大的声响，和乘客们的呼喊声。事后，人们在一个谷仓里发现了这个刹车员，他一直自言自语：“我本应该……”他疯了。

工作，就意味着责任。世界上没有不需要承担责任的工作，不能以职位低、薪水少为由推卸责任。你要明白，职位与权力和责任是成正比的，你若连最基本的工作都不屑于做好，那企业如何给予你高薪让你去挑起更重的担子，扛起更大的责任？

什么样的人才称得上有责任心、有担当？

○ 勇敢承担责任，坚决完成任务

很多人对马拉松比赛都不陌生，但真正了解这项比赛因何诞生的人却寥寥无几。

公元前490年，希腊与波斯在马拉松平原上展开了一次激烈的战斗，希腊士兵打败了入侵的波斯人。将军命令士兵菲迪皮茨在最短的时间内把捷报送到雅典，给深陷困顿的雅典人带去希望。接到命令后，菲迪皮茨从马拉松平原不停跑回雅典，那段路程大约有40公里。当他跑到雅典把胜利的消息带到的时候，他却因过度劳累倒下了，再也没有起来。希腊人为了纪念这位英雄的士兵，1896年在希腊雅典举行的近代第一届奥林匹克运动会上，就用这个距离作为一个竞赛项目，用以纪念这位士兵，也用以激励那些有担当、坚持完成任务的人。

在企业中工作，从接到命令和任务的那一刻起，就应当立刻执行，并抱着坚决完成任务的信念，克服种种困难。因为，这是你的工作，也是你的责任。

○ 虔诚地对待工作，把工作当成使命

古希腊雕刻家菲狄亚斯被委任雕刻一尊雕像，可当他完成雕像要求支付酬劳时，雅典市的会计官却要起了无赖，说没有人看见菲迪亚斯的工作过程，不能支付他薪水。菲迪亚斯当即反驳道："你错了，神明看见了！神明在把这项工作委派给我的时候，就一直在旁边注视着我的灵魂。他知道我是如何一点一滴地完成这尊雕像的。”

每个人心中都有一个神明，菲狄亚斯坚信神明见证了自己的努力，也坚信自己的雕像是完美的作品。事实也的确如此，在两千多年后的今天，那座雕像依然伫立在神殿的屋顶上，成为受人敬仰的艺术作品。

在菲狄亚斯看来，雕塑是他的工作，也是他的使命。他的内心有自己的工作标准，无论外人怎么看，他都认定自己的雕塑是完美的；不管有没有人监视，他都虔诚地对待自己的工作。正是这种强烈的责任心和兢兢业业的精神，成就了他的伟大杰作。

也许你不是雕塑家，但你却可以像菲狄亚斯一样，把自己的工作当成一种使命，以高度的责任心和严格的标准完成它。在接受一项任务的时候，由衷地热爱它，努力地做好它，这就是实实在在的担当！

○ 主动自觉地去工作

西方有句谚语说得好：“你看见主动自觉的人了吗？他必定站在君王的身边。”主动做事的人能够得到赏识，是因为明白工作不是为了企业和老板，而是为了自己学到更多的知识，积累更多的经验，所以能够全身心地投入到工作中去，主动去做事。

如果你想登上成功之梯的最高阶，就要多一点感恩，多一点责任心。即使你面对的是毫无挑战或毫无生趣的工作，但你若能意识到这是锻炼自己的机会，这是属于自己的责任，在这种力量的推动下，你就会产生主动做事、把事情做好的意愿，并终将得到相应的回报。因为，机会永远垂青有担当、不推卸的人。

对自己所做的一切负责

翻开各种成功励志的书籍，我们经常会看到这样一句话：对自己的人生负 100% 的责任。

道理无须过多解释，每个人都明白，可真正能做到的却寥寥无几。特别是在面对压力、失败、事故的时候，选择抱怨和逃避的人占了一大半，剩下的那部分人中又有很多会陷入低迷和沮丧中。很少有人愿意承认这样的结局是自己导致的，主动去承担那份责任。因为害怕会遭到惩罚，会失去现有的东西，就会找理由为自己推脱，把责任归咎于他人或外部不可控的因素，以此来让自己免受责罚。

其实，这也是一种常见的行为反应。我们总是习惯性地认为别人才是问题的制造者，而自己是一个无辜的受害者。可在工作的过程中，出现了问题时，没有哪个人应该置身事外，所有人都有责任和义务去防范问题的发生，同时也应当在问题的萌芽期及时发现并处理。如果每个人都能够在自己的环节把问题彻底解决掉，没有任何的松懈和依靠心理，很多坏的结局都可以避免。

当巴西海顺远洋运输公司派出的救援船抵达出事地点时，“环大西洋”号海轮已经消失了，21 名船员不见了，海面上只剩下一个救生电台有节奏地发着求救的信号。救援人员望着大海发呆，没有人知道在这个海况极好的地方究竟发生了什么，让这艘最先进的船沉没。

这时，有人发现电台下面绑着一个密封的瓶子，而瓶子里有一张字条，上面有 21 种不同的字迹，记录着事情发生的经过：

一水汤姆：3 月 21 日，我在奥克兰港私自买了一个台灯，想给妻子写信时照明用。

二副瑟曼：我看见汤姆拿着台灯回船，说了句这小台灯底座轻，船晃时别让它倒下来，但没有干涉。

三副帕蒂：3 月 21 日下午船离港，我发现救生筏施放器有问题，就把救生筏绑在了架子上面。

二水戴维斯：离岗检查时，我发现水手区的闭门器坏了，就用铁丝把门绑牢。

二管轮安特尔：在检查消防设施时，我发现水手区的消火栓锈蚀了，心想着还有几天就靠岸到码头了，到时候再换吧！

船长麦特：起航时工作繁忙，我没有顾得上看甲板部和轮机部的安全检查报告。

机匠丹尼尔：3 月 23 日上午，理查德和苏勒的房间消防探头连续报警。我和瓦尔特进去后，未发现火苗，判定探头误报警，拆掉交给惠特曼，要求换新的。

机匠瓦尔特：我就是瓦尔特。

大管轮惠特曼：我说正忙着，等一会儿拿给你们。

服务生斯科尼：3 月 23 日 13 点，我到理查德房间找他，他不在，我坐了一会儿，随手打开了他的台灯。

大副克姆普：3 月 23 日 13 点半，我带苏勒和罗伯特进行安全巡视，没有进理查德和苏勒的房间，说了句“你们的房间自己进去看看”。

一水苏勒：我笑了笑，也没有进房间，跟在克姆普后面。

一水罗伯特：我也没有进房间，跟在苏勒的后面。

机电长科恩：3 月 23 日 14 点，我发现跳闸了，这样的现象以前也出现过，我没有多想，就把闸合上，没有查明原因。

三管轮马辛：我感觉空气不太好，先打电话给厨房，证明没有问题后，又让机舱打开了通风阀。

大厨史若：我接到马辛的电话时，开玩笑说，我们在这里有什么问题？你还不来帮我们做饭？然后问乌苏拉："我们这里都安全吗？"

二厨乌苏拉：我也感觉空气不好，但觉得我们这里很安全，就继续做饭。

机匠努波：我接到马辛电话后，打开通风阀。

管事戴思蒙：14 点半，我召集所有不在岗位的人到厨房帮忙做饭，晚上会餐。

医生英里斯：我没有巡诊。

电工荷尔因：晚上我值班时跑进了餐厅。

最后是船长麦特写的话：19 点半发现火灾时，汤姆和苏勒的房间已经烧穿，一切糟糕透了，我们没有办法控制火情，火越烧越大，直到整条船上都是火。我们每个人都犯了一点小错误，最终酿成了人亡船毁的大错。

看完了这张绝笔字条，所有的救援人员都沉默了。海面上的寂静，让他们仿似看到了整个事故的过程。尤其是船长麦特的最后一句话："我们每个人都犯了一点小错误，最终酿成了人亡船毁的大错。"

这样的悲剧，不能说是某一个人的错，船上的所有人都有错。纵观整件事的来龙去脉，我们很明显地发现，问题出现的时候，每个人都是问题的根源，谁也逃脱不了责任。如果每个人都能尽职尽责地做好自己的事，不漠视纪律，不违反规定，把经手的每个细节都能处理得圆满，将安全隐患消灭在萌芽之中，这样的悲剧是完全可以避免的。

爱默生说过："责任具有至高无上的价值，它是一种伟大的品格，在所有价值中它处于最高的位置。"不要等出现问题的时候，想着如何把责任推卸给别人，在接手一项任务之初，就要担负起对它的全部责任。感恩是一种承担，对工作负责是对企业负责，也是对自己的人生负责。责任能激发潜能，也能唤醒良知，我们终将会承担中走向优秀和卓越。

不推诿，想办法解决问题

许多新人都有过这样的感受：每天忙忙碌碌，又说不清楚自己到底都忙了些什么？总觉得自己就是一个打杂的，自身能力没得到什么提升，领导还总是对自己呼来唤去，一会儿丢过来一件事，连喘口气的机会都没有。即便如此，领导还是觉得自己不够努力。

某单位来了一个实习生，每天上午 10 点上班，晚上 10 点才下班，看着也挺辛苦的。上班时间，她总是每隔一会儿就会跑过来问领导："领导，合作方说要……我怎么跟他说呀？""领导，财务说……我该找谁？""领导，客户说发票开错了，怎么处理呀？"她把各式各样的问题抛给领导，多次打断了领导的工作思路。领导有点儿不耐烦，可又不能发脾气，毕竟勤学好问也没什么错。

某天下午，临近下班时，领导把她叫进办公室，跟她进行了一次彻谈。领导问她："你为什么要来单位实习？"她说："我想锻炼一下自己的能力。"领导说："很好，但你知道，工作中最重要的能力是什么吗？"她想了想，不知该如何作答。

领导一本正经地告诉她："是解决问题的能力！实习的目的，是让你学会如何在复杂的局面下解决问题，而不是跑腿加班做苦力，更不是把问题丢给别人。每次我给你布置任务，你总是把每一步遇到的问题都抛给我，让我提出解决方案，你再去做，这样的话，有什么意义呢？组织需要的人，是在遇到问题的时候懂得自己想办法。当然，也不是说不能找领导，但你至少应当想出三种解决方案再去找领导商量。也许你的这些想法并不成熟，可时间长了，你自然会总结出一些规律和经验。这些东西，没有人可以手把手教会你，只能靠自己去体悟。"

她很庆幸能够遇到这样的领导，也很感激领导对自己的这一番点拨。在后来的工作中，她改掉了遇到事情就问的习惯，先是自己想办法解决，偶尔问问同事，实在拿不定主意的时候才会询问领导。几个月后，她的工作效率上去了，做事也比以前果断了。

一位来自福建著名体育用品制造企业的总裁说道："我要求我的员工在任何时间、任何地点接受公司任务时，都要信心十足地说'这个就交给我吧，一点问题都没有'，而不是'这个问题太多了，您还是找别人吧'。后者第二天就会从公司消失。作为公司的管理者，我要的是业绩，而不是替员工解决问题。"

1985 年，布伦达·库瑞加入了联邦快递。如今，她已是这家全球顶尖规模快递公司的一名高级客户服务代表。有一天晚上，布伦达正在值班，一阵急促的电话铃声响起。来电者是凤凰城某医学实验室的工作人员，他说有两个送往实验室的羊水样本还没有送达，这两份羊水是两个情况十分危急的孕妇的，一旦时间延误，羊水就会变质，如此两位孕妇就要再次忍受抽取羊水的痛苦。

放下电话后，布伦达急忙对羊水的运送情况进行了查询，结果发现这两件样品就在附近的城市。通过公司总部的远程呼叫系统，布伦达截住了运送羊水的汽车。依照实验室的要求，羊水必须放置在冰箱里才能保障质量，可公司又找不到现成的冰箱，怎么办？布伦达立刻赶回家，把自己的小冰箱和备用电源搬上了汽车。

随后，布伦达又跟附近城市的联邦快递空运经理取得了联系，当天晚上 11 点，她乘坐空运经理安排的飞机飞往了凤凰城。次日一早，实验室的人员准时收到了羊水样品。后来，实验室的人告诉布伦达，由于联邦快递运送及时，两份羊水样品完好无损，检测数据十分精准，布伦达所做的一切，挽救了四个人的命——两个年轻的妈妈和两个可爱的孩子。

实验室的人问布伦达："为什么你要这么做？"

布伦达淡淡一笑，说："这件事总得有人来做，刚好，当时我在那里。"

她的回答，简单干脆，没有豪言壮语，可她的行为却如此坚定，勇敢地选择做问题的终结者，没有把烫手的山芋扔给任何人。这是一种高度的责任感，也是一种不惧问题的勇气，更是一种善于解决问题的智慧。如果她选择了推诿和躲闪，问题定会在推诿中由小变大，越来越严重，不仅影响了客户的信任度和公司的名誉，也关乎着他人的生命安危。

从现在开始，请改掉敷衍了事、得过且过的习惯，遇到问题时更要摒弃“自己做不了还有别人”的想法。站出来，把问题留给自己，把能力呈现给领导，把业绩递交给组织！

敢于接受最棘手的任务

很多人应该都有这样的体会，工作中总会有一些谁都不想做的“苦差事”，谁见了都是一副唯恐避之不及的态度。当别人把烫手的山芋扔到自己手里的时候，心里很是不痛快，总觉着自己做了就等于吃亏了。毕竟，这种事向来都是“费力不讨好”，付出全部心力也未必能见效果，办砸了更是惹得一身笑话。扪心自问一下：你有没有过这样的想法？

其实，碰到“苦差事”不总是倒霉的，我们需要换一个视角去看待：别人都不愿意干的工作，有可能比那些表面看起来光鲜的工作更能激发人的斗志和潜能。如果你担心吃亏而跟着他人一起推卸责任，就等于在把机会往外推。

为什么这样说呢？想想看，你在什么时候的表现最容易引起领导的注意和重视？绝非处理日常事务的时候，而是遇到难题迫切需要解决的时候。当一个棘手的任务摆在眼前，所有人都试图往后退的时候，如果你勇敢地站出来，表示愿意接下这块难啃的骨头时，领导必然会感到欣慰，至少有这样的下属愿意去挑战困难。至于结果，只要你努力去做了，哪怕不尽完美，也不会影响领导对你的认同和赏识。从这个角度来说，我们应当感恩那些棘手的工作，在接受挑战的过程中，我们赢得的不仅是展露才能、勇气和责任心的机会，还有发掘潜能、积累经验的机会。

陈某是一位重点大学的硕士生，毕业后如愿以偿地进入了机关工作，这让周围不少人心生羡慕。然而，陈某的心里并不那么得意，反倒还有点失落。原本，他预想自己到单位后应当是备受瞩目的人才，负责重点项目的推进，可现实却是，整天被办公室里的几位资历较深的同事呼来唤去，这种落差让他很有挫败感。

有一天早上，陈某刚到办公室，旁边的陆姐就递给他一份笔录，说："待会儿有人过来拿批文，不管他说什么，你不要动怒，只要心平气和地把他打发走就行了。"陈某还没有理顺情况时，拿批文的人来了。

整整一上午，陈某苦口婆心地给对方讲道理，从党的政策到地方性法规，从公职人员的责任到公民的义务，整个办公室的人都默默听着，屋子里安静得出奇。大家从未发现，平日和和气气的陈某，竟然有这么好的口才，有这么沉稳的心态。拿批文的人，最初还是一副蛮横不讲理的态度，到后来却被陈某说得哑口无言，最后批文没拿走，对陈某的一番教育倒是心服口服，记忆深刻。

那人走后，办公室里的人都松了一口气。午饭时间，隔壁办公室的人问陈某："听说，你上午把局长的亲戚打发走了？""啊……局长的亲戚？"陈某一下子愣住了，这才明白为什么一向能说会道的陆姐，会把这项"光荣"的任务交给自己。原本还沉浸在喜悦中的他，心里顿时变得沉沉的，像是被一块大石头压住了。

几天后，局长亲临办公室，指名要见陈某。涉世不深的陈某，着实吓出了一身冷汗，心想："这下可捅了篓子了！"没想到，局长并未疾言厉色地训斥他，而是亲切地同他聊起了天，问他是什么大学毕业的？家里有什么人？平时有什么爱好？尽管没有雷霆万钧，可大家还是觉得，陈某要倒霉了。然而，一个月、两个月，什么动静也没有。第三个月，一纸调令下来了，陈某被调到另一个专门负责重点项目的部门工作。

陈某在不知情的情况下，接手了一件棘手的任务，并竭尽全力做好了。机关算尽的陆姐，却在投机取巧、趋炎附势之中，错失了提升的机会。

李欣在一家传媒公司做文员，因为年纪不大，为人又很和气，周围的同事平日里都爱让她帮着做事。遇到麻烦点的事情，大家推来推去，最后都抛给李欣。她总是笑盈盈地接着，不说抱怨的话，也不会流露出不满的神情。她心想，杂事多点没关系，正好锻炼自己，所以不管是联系广告业务，还是参与文案写作，或是选择传播渠道，她都做得不亦乐乎。

李欣大概没想到，做的事情多了，机会也跟着来了。很多次，李欣独自在办公室里加班，做着本不属于自己的工作，被领导尽收眼底。渐渐地，领导开始注意到她，并有意识地把更重要的事情交给她做，有时去见重要客户，参加重要谈判，也会带着她。

几年后，公司准备进行改革，以股份制的形式来经营。老板要求李欣制作一份招股说明书，李欣虽未做过类似的工作，却不负领导的期望，漂亮地完成了这项任务。之后，她顺理成章成了领导的助手，董事会秘书。

棘手的任务是一项“苦差”，但是苦中有甜，苦中有乐，苦中有机会。如果你能笑着接纳这些“苦差事”，认真努力地把它做好，那你必会从中获得他人难以获得的东西。

或许，新的思维方式一旦建立起来，
这些旧问题就会自动地消失

关键时刻，挺身而出

几年前，我在一家连锁餐厅吃饭时，目睹了这样一件事：

正值午餐时间，店里的人很多。邻桌的一位顾客，在吃了一份快餐后，突然倒地，四肢抽搐，口吐白沫。与他一起的朋友急坏了，指责餐厅的食物有问题，其他顾客也惊慌失措，害怕自己也会食物中毒，还有人打电话通知报社和电视台。

该顾客的朋友情绪已经失控，指责餐厅的经理失职，声称一定让他们负责到底。经理的处境很是尴尬，周围的人不时地拿出手机拍照。在问题还没有弄清楚前，如果大家误传食物中毒的消息在网上引起公众效应，很可能会给整个餐厅带来危机。

关键时刻，一位年轻的女店员，一方面让同事打急救电话，一方面竭力安抚其他担心中毒的顾客，她说："大家不要惊慌，我们店里的食物都是经过严格检验的。"很多人并不相信，甚至有顾客试图吐出食物。情绪激愤的人质问女店员："要是食物中毒的话，你负得起这个责任吗？"此时，待在旁边的同事拉拉她的衣角，提醒她别这么急着下结论。

即便如此，女店员还是坚持自己的说法，她告诉大家，食物绝对没有问题！说着，还当众吃下了很多饭菜，防止谣言扩散。她安慰患病顾客的朋友，急救车马上就来了，并让大家不要妄自猜测，耐心等待医生的诊断结果。这样一来，餐厅里的人果然不如开始那般激动了。

十分钟后，急救车来了。经验丰富的医生告诉大家，那位顾客是典型的癫痫症状，大家尽可放心，不是食物中毒。此时，报社和电视台的记者也来了，开始向餐厅的工作人员提出一些刁钻的问题。年轻的女店员很机灵，把事情的来龙去脉解释了一番，并带领记者到餐厅的后厨，详细地介绍了餐厅的卫生措施，趁机给餐厅做了一次免费广告。

最后，一场虚惊向灾难的演化就这样被制止了。女店员不仅为经理解了围，也保护了全体店员的荣誉和利益，更为餐厅避免了一次大的公关危机。

时隔几个月后，我再到那家餐厅去时，没有再见到那位女店员的身影。据女店员的同事说，她被调到集团公司任职了。

疾风知劲草，烈火见真金。人的责任心、魄力与担当，往往都是在陷入困境的时刻体现出来的。就像餐厅里突然发生顾客病倒事件时，只有这位年轻的女店员敢站出来为领导解围、为公司说话，尽最大努力去解释和协调。如果所有人都置身事外，任由经理被一群顾客和记者围攻，在这样的时候，一句话说得不恰当，就有可能把餐厅推向深渊。女店员的机智聪敏，巧妙地转移了记者的注意力，也趁机当众澄清了公司的卫生安全工作做得很好，不怕曝光，一下子就堵住了悠悠之口。

身为组织中的一员，想要脱颖而出，得到认可与赏识，一定要对组织心怀感恩，具备与组织荣辱与共的意识。表面上看，你的努力担当是为了组织或领导，可实际上你也是在为自己的生存和前途积累资本。你所期望的个人名利，无一不是努力工作、真心付出的附属品。

上述事件，属于突发意外的危机事件，错不在餐厅，也不在领导。如果换一种情况，果真是领导出现了决策失误，事态的发展让他成了众矢之的，你是选择冷眼旁观、畏首畏尾，还是挺身而出、好言劝慰，为领导解围？

某公司的部门主管孙某办事不力，致使公司亏损了十余万元，总经理一怒之下扣发了孙某及其部门所有员工的奖金。这样一来，部门里的人都把怨怼的情绪指向了孙某，心想：你能力有问题就别干，凭什么连累我们？孙某自然也感受到了下属们的负面情绪，原本心怀愧疚的他，更是觉得对不起下属。

孙某的助理知道事情的原委，看到主管处境如此艰难，便站出来说："主管回来的时候，脸色就很难看，他在老板面前为大家据理力争，要求只处分他自己，不要扣大家的奖金。"下属们听了这番话，情绪上有所缓和，助理见状继续说，"主管说了，下个月一定会想办法把大家的奖金补回来。其实，这次失误也不全是主管一个人的责任，我们也是有责任的。我希望大家能体谅一下主管的处境，齐心协力把业务做好，将功补过。"

孙某并没有要求助理为自己解围，可助理的这番协调却缓和了上下级之间的关系，让孙某如释重负，重新获得了下属的信任和支持。豁然开朗的孙某，紧接着推出了一套新方案，激发了下属的热情，大家又开始投入新一轮的战斗中。至于助理为自己解围的事，孙某的心里充满了感激，部门的业绩提升后，他立刻给助理发放了奖金。

金无足赤，人无完人。无论多高的职位，都难免会有出错的时候。有感恩之心的下属，一定会不遗余力地协助领导挽回声誉，这样做既保全了团队对外的形象，也让领导心生欣慰。关键时刻挺身而出，也许眼下会受点委屈和损失，长远则是给自己铺就了一条金光大道。

在其位谋其政，任其职尽其责

关于个人与位置之间的关系，有年轻人请教一位企业高管："您为什么能够在自己的位置上稳如磐石？"这位高管回答说："我在工作时会集中精力认真地做好每一件事，尽自己最大的努力把它们做到最好。简单来说，就是在其位谋其政，任其职尽其责。"

"在其位谋其政"这句话我们听过太多遍，可是现实生活中，能够真正地做到这一点的人并不是大多数。不少人都处于"身在其位，心谋他职"的状态，对所在的组织、现有的职位没有知恩的意识，目光总是盯着那些更高的职位，不屑于眼前的职务，总觉得自己是英雄无用武之地，浪费了一身的才华。这样的人，即便是有真材实料，也难以成大事，因为他们会错过很多宝贵的机会。

卡菲瑞先生回忆起比尔·盖茨小时候时，写下了这样一段文字：

1965 年，我在西雅图景岭学校图书馆担任管理员。一天，有个同事推荐一个四年级的学生来到图书馆里帮忙，说这个孩子勤奋好学。

很快，我就见到了那个男孩，他长得很瘦小。我先是教会了他图书分类法，并让他把那些已经归还图书馆却放错了位置的图书放回原处。

小男孩好奇地问："就像是做侦探吗？"

"那当然。"我答道。

接下来，男孩便开始穿梭在书架的迷宫中。小休时，他已经找出了三本放错地方的图书。

第二天，男孩来得更早，而且干活也更加卖力气。干完一天的活后，他正式请求我让他来担任图书管理员。

两个星期后，男孩邀请我到他家里做客。晚餐时，男孩的母亲告诉我，他们要搬家了。男孩听说要转学了，心里很是担忧，他说："如果我走了，谁来整理那些放错位置的书呢？"

男孩一家搬走后，我一直很挂念他。不久之后，他又出现在了我的图书馆门口。男孩欣喜地告诉我："那边的图书馆不让学生来干，妈妈又帮我转回到这里上学了！爸爸每天开车接送我。如果爸爸不带我，我就走路过来。"

当时，我心里很是欣慰，并确定这个男孩日后肯定会有大作为，因为他的决心如此坚定，又肯为他人着想。只不过，我无论如何也没有想到，他竟然会成为信息时代的天才，微软公司的总裁、世界首富。

比尔·盖茨在年少时就有强烈的责任心，即便做一名兼职的图书管理员，也懂得"在其位，谋其职"的道理，可想而知他在日后的事业上又是何等的认真和负责。

有位著名的跨国公司总裁曾告诫自己的员工："要么把工作做到位，要么走人。"组织里的每个位置对于组织的生死存亡都起着至关重要的作用。如果一个人无法做到"在其位谋其职"，那么他所在位置的运作就会出现问题。当一个位置的价值得不到充分体现时，就会直接削弱整个组织的生命力。

无论身处哪一个职位，都应当心存感恩，把工作做到最好。这是义不容辞的责任，更是实现自我的最佳途径。不要吝啬勤奋和努力，更不要心猿意马，全力以赴、认真做好，是回报组织的、体现责任心的直接方式。在努力的过程中，你也会熟悉技艺，锻炼出稳健、耐心的性格。记住，这个世界并没有要求你一定要成为某个行业的专家，但它要求你在自己的位置上付出最大的努力，如果你能够心怀感恩、任其职尽其责，那你就是一个了不起的人。

错就是错，敢于承担

常言道："智者千虑必有一失。"一个人再聪明、再有才能，也难免会有疏漏、犯错误。面对错误，最好的办法是什么呢？不是急着去辩解，而是坦然地承认，尽快想办法去弥补和改正。这不仅是做人的素养，更是处事的智慧。

石某是一家外贸公司的市场部经理，任职期间，他没有经过仔细的调查研究，就批准了一位职员为法国某公司生产3万部高档相机的报告。待产品出来，准备报关时，公司才知道，那个员工早已被猎头公司挖走了。那批货物即使到了法国境内，也不会有买主，货款自然也没办法收回了。

对公司来说，这无疑是一个大损失。石某很是焦急，在办公室里坐立不安，思前想后，他还是决定把这件事情向老板摊牌。鼓足了勇气，他走进老板的办公室，见他脸色十分难看，老板就开始询问缘由。

石某很坦诚，把事情一五一十地讲给老板，主动承担了全部责任，说："这是我的失误，我愿意承担责任，也会尽最大努力挽回损失。"老板被石某的坦荡和敢承担责任的态度打动了，答应了他的请求，并拨款协助他到法国进行调查。

老板的宽容让石某颇为感动，他下定决心要将功补过，回报这份难能可贵的理解。功夫不负有心人。在法国调查期间，石某又联系到了一个新的买家。半个月后，那批高档相机就出口了，价格比原来的还要高。对这次危机事件的处理，老板非常满意，非但没惩罚石某，还给他发了项目奖。

松下幸之助说过："偶尔犯了错误无可厚非，但从处理错误的态度上，我们可以看清楚一个人。"人人都会犯错，但不是每个人都有勇气去承认。在职场上，一个员工有没有承担错误的勇气，向来都是领导者们十分看重的职业素养。

承认错误不是一种无能和懦弱，相反，它是一种令人敬佩的、敢作敢当的行为。记得一位高级职业经理人曾经这样阐述成功的哲学：谁能允许犯错，谁就能获取更多；没有勇气犯错，就不会有创造性。尝试和错误，是进步的前提，也是博得人尊重和赏识的素质。

一位绅士到街角的裁缝店修改衬衫，想改一改袖子的长度。这是一件很简单的活，师傅交代给一年有余的伙计来做。这位小伙子很热情，认真地按照绅士的要求改着衬衫。不料，他拿着剪刀的手不小心划了一下，在衬衫上划了一个洞。

小伙子很紧张，生怕绅士发现没法交代。不过，绅士并没有看到这一幕，还在悠然自得地坐在那里看报纸。小伙子悻悻地走到师傅面前，把事情如实相告，师傅责骂起了小伙子，这引起了绅士的注意，他方才得知自己的衬衫被划破了。

师傅连忙给绅士道歉，绅士可惜地摇了摇头，说："哎，我很喜欢这件衬衫的质地，所以才想改一下继续穿的。现在，既然已经破了，那就算了吧。他毕竟只是一个小学徒，不要太难为他，这件衬衫我不要了。劳烦老师傅动手，再帮我做一件吧！”

师傅连忙让小徒弟向绅士道歉，并感谢对方不予追究的气度。小伙子很尴尬，为自己的失手而愧疚，他忐忑地对绅士说：“先生，我为自己的失误向您道歉，不知您能否再给我一次机会？我最近在学习绣工，也许我能想想办法挽救一下这件衬衫，您给我一点时间好吗？”

绅士觉得，这小伙子挺真诚的，反正已经是一件破了的衬衫，就让他试验一下吧！绅士答应，三天以后过来取衬衫，看看他能修补成什么样子。

再次来到裁缝店时，绅士惊呆了，他看到的是一件完好的衬衫，袖子上绣着精美的刀剑图案，丝毫看不出有过破损。刺绣的存在，也让衬衫别具一格。绅士很欣赏小伙子的手艺，赏了他一笔钱，还对老师傅说：“您这个徒弟很有胆量，也挺有骨气的，以后就让他专门为我裁衣服吧！我很欣赏他。”

承认错误的结果，没那么糟糕，也没那么可怕，它显现出的是一种修养，一份勇气。在这种诚恳的姿态下，振振有词的辩解，才显得小气和懦弱，越是强调自己没错，越会让人觉得你在推卸责任，掩盖自己的失误。错就错了，只有去承担，拿出自己的诚意，才能让人尊敬你、信任你。当然，除了承认错误以外，还要分析错误的原因，付诸行动去纠正错误。如此，不仅能让上司看到你的坦诚，还能让他看到你处理问题、改正错误的能力。每一个优秀的人，都是在错误中成长起来的，承认错误，改正错误，本身就是一种进步。

Chapter/06

‖

感恩团队，成功是众人的付出

没有全能的个人，只有完美的团队

我们总在谈“工作”，可究竟“工作”是什么呢?

关于这个问题，我问过不少人，有人说是“做事”，有人说是“效益”。其实，答案很简单，从字面上就能找出来——分工与合作。

任何一个组织的正常运转，都离不开“分工”与“合作”。只不过，到了具体的工作中，到了具体的岗位上，大家都只看到了分工，却忽视了合作。究其原因，就是太注重自我，忽视了他人。

几年前，我认识了一位管理咨询公司的老总。当时，他的公司刚刚组建，下设三个部门：管理咨询部、管理传播部和培训部，分别负责为客户提供管理咨询服务、出版一些企业管理的书刊、为客户提供企业内训服务工作。他希望这三个部门能把自己的一些资源运用到项目中，争取多实现一些盈利。

在最初的一年里，这个办法是可行的。可渐渐地，随着老资源的枯竭，这三个部门开始纷纷寻找自己的市场。鉴于这种情况，公司又成立了一个市场部，专门负责市场开发。可是，业务人员发现，他们开发的每一个企业客户都有可能成为这三个部门的潜在客户，管理咨询部能为它做咨询项目，培训部门可以为它做企业内训，管理传播部可以为它做出版服务。这样一来，三个部门整天围着市场部转，把业务人员忙得团团转，市场进展却很缓慢。在这种状况下，员工变得越来越懈怠，有些人才也因此流失了。

原本是一家能够提供全面服务的管理咨询公司，就这样走向衰败了。公司老总几经反思，最终找到了失败的原因：只重分工，不重合作。公司在建立之初就应当设立市场部，专门开发新市场，因为仅靠老资源是远远不够的；当初下设的三个部门，应当共享资源、加强合作，为同一个客户提供全面服务。

这件事对我的触动很大，以至于让我在很多场合中，都不免会谈到“合作”的话题。

现代社会不是单枪匹马的时代，小的成功可以靠个人，大的成功一定要靠团队。毕竟，一个人的能力再强，他的力量也是有限的。如果把各种有效的力量聚集在一起，取长补短，就有可能创造出奇迹，并为个人带来更多的机会。换句话说，组织需要的是一个强大的团队，绝不是一个个优秀而自私的个人，个体的合作意识向来都是组织最为看重的素质和能力。

Google 是世界上最大的互联网技术服务商，也是一家以技术发展见长的公司，可它不是唯技术至上。在招聘员工时，其实 Google 更注重的是“宽容与合作”。

2005 年，Google 中国区总裁李开复刚上任就在国内招聘了 50 名高校毕业生，这些人中有 40 多位都是硕士、博士，另外几位是优秀的本科生。这些人多半都是电子、计算机、数学专业出身，是从数千位报名者中筛选出来的精英。为此，有人很好奇李开复是根据什么标准来选拔人才的。

李开复是这样回答的："技术能力当然很重要，但我们 Google 是个大团队，只有那些具有团队合作精神的人才能够来到这里工作，只是天才却不会与人合作的人在这里是不受欢迎的。"

事实的确如此。在招聘过程中，有不少应聘者就是因为缺乏团队合作意识而落选。一位名校的计算机专业学生，笔试时得了满分，但在面试时这位学生却表现出了极大的不耐烦，最终被拒之门外。此外，还有一位在某专业领域堪称权威的教授，李开复曾经劝说他加入 Google，可这位教授在面试时却表现得十分傲慢，依仗着自己资历老，不把任何人、任何事放在眼里。考官们断言，如果让这位教授加入 Google，他一定不会平等对待公司的员工。考虑再三，李开复选择了放弃。

无论是 Google 这样的知名企业，还是仅有七八个人的私营企业，如果没有合作意识，没有感恩精神，都是难以获得长久发展的。这个世界上，从来都没有全能的个人，有的只是积极合作、互补互利的团队；一个人可以走得很快，但一群人可以走得更远。

少点个人主义，多点大局意识

所有的领导者都希望自己的团队里有"英雄"，他能在关键时刻挺身而出，为了集体的利益甘愿做出牺牲。可如果这个"英雄"只想一个人高高在上享受他人的景仰，没有大局意识，对组织和他人缺少感恩之心，即便他再有想法、能力再强，也无法在组织中长久地待下去。因为，团队要的是合作，而不是个人英雄主义。

40 岁的刘先生，是一家公司的项目经理。跟他接触了几次，我感觉他是一个谦虚低调、不爱邀功的人，有什么好事都愿意跟同事一起分享。可他却跟我说，如果不是当初亲身经历过逞个人英雄主义以失败告终的事，他不可能有今天的一切。

5 年前，刘先生从一家大型知名企业跳槽到现在的公司，跟他一起入职的还有一位“海归”。刘先生觉得自己从外企到国企，无论经验还是能力，都比土生土长的国企人强；而“海归”也不甘示弱，觉得自己有海外生活与工作的背景，高傲得不可一世。

入职后，公司安排刘先生与“海归”一起带团队做产品研发。在工作中，刘先生明显感觉到“海归”对自己和其他同事的排斥，有什么想法和建议从来都不跟大家商量。有时候，大家在办公室里会听见他打电话，用英文与外国同行们交流产品研发的问题，虚心向人请教。可是，一放下电话，他马上就变得冷傲起来，听不进任何意见，有些同事的想法还被他当面嘲笑。

时间长了，大家对他是怨声载道，工作的积极性也没了。最后，那个研发产品不仅没能按时出成果，一些精英员工也因与“海归”的种种不合，跳槽的跳槽、转部门的转部门，整个团队变成了一盘散沙。老板知道后勃然大怒，“海归”也引咎辞职。

整个事件中，唯一获益的人就是刘先生，他被大家推荐成新的项目经理。对此，刘先生跟我说：“如果一开始是我带队，以我当初的傲气，说不定也会落得跟‘海归’一样的下场。有了他的前车之鉴，我吸取了教训，团队的成功绝不是一个人努力的结果，个人英雄主义在工作中是行不通的。”

无论是一个项目的成功，还是一个组织的壮大，更多地都是依靠团队的力量。当个人利益与团队利益发生冲突时，一切要以大局为重，而不是逞个人英雄主义。如果无视他人的配合协作，一味地追求自我，这种风气不仅会影响人际关系，还会导致团队士气的下降。

我的朋友老陆经营着一家中等规模的私企，他不止一次跟我说：“看着那些员工埋头苦干却不出成绩，我真替他们着急。很多事情都是明摆着的，只要几个人合作，效率肯定就上去了，可有些人为了一己私利，为了抢功劳，非得一个人扛着，结果损失了公司的利益。说实话，对于做出点成绩就邀功的人，我挺反感的。”说罢，老陆给我讲了两件事。

岑凯在老陆的公司待了三年了，人还算勤恳，就是喜欢邀功。有一次，岑凯故作辛苦地跟老陆讲，他冒着冻雨开车到郊区，跟正在度假的客户签了单，回来时车都陷在泥里了。老陆表面上点头称赞，可他心里很清楚，这个客户自己也跟了很长时间，年前还特意请客户一家到泰国玩，他能签单肯定不是一时的想法。

不止老员工，新来的黄莉更离谱。刚来公司两个多月，就在电梯里跟老陆邀功，说她的设计开发得到了客户的好评。老陆真是哭笑不得：你一个刚毕业的学生，能做设计开发？你的组长是我一年花几十万请来的博士，已经带着几个员工做了快一年了……唉！

对于员工的这些问题，老陆有无奈，也有担忧。无奈的是，一时间很难改变这样的现状；担忧的是，好逞个人英雄主义的行为，势必会影响到团队合作以及公司未来的发展。他说：“如果有可能的话，我宁肯要100个人的1%，也不想要一个人的100%。”

是的，一个人的100%永远比不上100个人的1%。公司是一个团队，团队的发展依靠的是大家的力量，无视他人的力量存在是一件很可怕的事。从长远来看，“英雄主义”只能胜一时，唯有团队才能胜一世。至于为什么？很简单，一滴水只有融入大海才不会干涸！

感谢领导的提携与知遇之恩

说到感恩父母、感恩朋友、感恩伴侣，几乎任何人都能够找出一条或多条理由：父母有生育养育之恩，朋友有相依相伴之情，伴侣有不离不弃之爱……可是，谈到要感恩领导，绝大多数人都不免会这样想：“我工作是自己争取来的，不是领导施舍的，我每天都在努力干活，用自己的劳动换取报酬，并没有白拿工资。我为什么要感恩领导呢？”

乍听起来，似乎有点道理，但若静下心来去想：工作是领导给予你的机会，没有领导出资筹建这个组织，没有他看中你的潜能，你可能得到这份工作吗？你敢说自己在工作上没有出现过任何失误，事事都做得尽善尽美吗？我想没有哪个员工能拍着胸脯说，自己从未犯过错误，可面对你的错误时，领导有耿耿于怀、不再任用你吗？

其实，领导也只是一个普通人，当他能够用宽容的胸襟去包容你的错误时，你又为何非要对他的言行指指点点呢？当陌生人给予你一个微笑的时候，你都能感受到一份温暖，那么领导把工作的机会、个人发展的平台给了你，让你能够施展才能，让你在事业上实现个人的价值，难道不值得感激吗？

很多时候，挑剔领导的员工都是没有站在对方的立场去看待问题，如果有机会的话，让你去做一个公司的决策者，也许你会更理解身为领导的苦衷，也更懂得感恩的意义。

一位私企的女领导回忆自己曾在职场打拼时的经历，感慨地说："以前上班的时候，总觉得领导太苛刻，现在却觉得员工太懒惰，太缺乏主动性。其实，什么都没有改变，只是看待问题的方式变了。"

早年，她在一家公司做业务，因有家公司开出了更高的薪水，她心动了。同事劝她说："这两年你在公司做的业绩是有目共睹的，就这么走了岂不太可惜了？"她并不觉得可惜，毕竟人往高处走，既然有了更好的去处，为何不抓住机会呢？

她在公司工作了三年，勤勤恳恳，有几个大客户都是她争取来的。领导对她很满意，所以当她把辞职报告交上去的时候，领导极力挽留。可她去意已定，领导只好同意，只是嘱咐她临走前把宿舍的房租结清。

当时，公司为职工租了宿舍，要求每月付 200 元。就是因为钱不多，她心里才耿耿于怀，认为领导太吝啬，还四处对人说领导有多"抠门儿"。结果，这话传到了领导耳朵里，领导很生气，说这是秉公办事云云，最终闹得不欢而散。

离职后，她如愿去了那家承诺开出高薪的公司。可去了才知道，那根本就是一家空壳公司，欠了一堆外债。她入职的第二个月，公司就倒闭了。那段时间，她特别郁闷，也很落魄，既要重新找工作，还得自己承担高额的房租。这时，她开始不自觉地想起前任领导的辛苦和诸多好处来，也后悔自己一时冲动离职了。

寻寻觅觅两三个月，她总算找了一家单位稳定了下来，在那里兢兢业业地工作了五年。五年后，她因家庭原因不得不回老家。这一次，她老老实实地按照公司的规矩办理交接手续，还专程上门拜访了领导，感谢他的知遇之恩，并为自己的离职给公司造成的影响而道歉，恳请领导原谅。送她出门时，领导特意叮嘱说："以后有什么需要，尽管来找我。"

回到家乡后，她也尝试着找了两份工作，却都不太理想。索性，她就自己开了一家小公司。尽管她有客户资源，也有管理经验，但公司还是因为资金周转不开的问题，一度濒临倒闭的边缘。这时候，她想起了自己的前任领导，没想到对方慷慨地向她伸出了援手。现在，她的公司已步入正轨，蒸蒸日上。

我们从工作中所得到的一切、所享受到的一切，都不是平白无故的，而是许多人所创造的、所奉献的，其中就包括领导。他给了你机会，给了你平台，给你提供了工作环境、办公设备、各种便利和福利，给了你基本的生活保障，成就了你的事业，成就了你的价值，成就了你的人生。凭借这些理由，还不足以让你对领导说一声"谢谢"吗？

关于领导的"苛责"与"吝啬"，如果站在他的角度去看，也只是想以最少的投入来赢得最大的产出，获取最多的利润。不要果断地得出领导"压榨"员工的结论，想想你是否完全尽到了责任，是否在内心深处潜藏着浮躁和狭隘？我相信，如果你能把公司当成自己的家，把自己当成领导，将心比心，你就会理解领导所做的一切，心情也会变得明朗。

与同事协作，你也同样受益

盲人挑灯走夜路的故事，想必大家都曾听过，那你还记得，当别人问他既然看不见为何还要挑灯时，他说过的话吗？他说："我挑了这盏灯，既为别人照亮了路，也让别人看到了我而不会碰撞我。"

多么睿智的一番话！身在职场，何尝不是如此呢？你斤斤计较，处处防备着同事，不愿敞开真诚的心，实则是在给自己制造障碍。真诚地与同事协作，感恩同事的帮助与关怀，在融洽的关系与愉快的合作中，你同样也是受益者。

经过几轮的面试，艾女士成功进入一家中等规模却极具发展潜力的公司，领导对她格外赏识，她准备在这里大展拳脚干出一番事业。然而，一切并不如她预想得那么顺利，刚一上班她就遇到了麻烦。

上班第一天，艾女士安排助理将进货清单按照格式列好，助理没有马上去做，而是说以前的组长不是这么做的。艾女士坚持自己的意见，助理只好接受，但脸色很难看。午饭时，艾女士刚走到公司的餐厅，几个有说有笑的同事突然安静了下来，敏感的她隐约察觉出了什么，心里有点不安，就远远地坐在了一个靠窗的座位上……一个星期下来，艾女士明显感觉自己跟同事之间有了一种疏离感。

第二个星期，领导安排了一件急活儿，同事把任务推给了艾女士。她加班到深夜，发誓要做出个样子给同事看看。没想到，第二天领导发现表单出了问题，勃然大怒，同事把责任都推到艾女士身上。有个同事说话很尖刻，艾女士跟她吵了起来，直到领导制止了她们。

艾女士心里很憋屈，领导怀疑自己的能力，同事一致排外给她难堪，这样的境遇跟自己当初预想得完全不同。她有点后悔来这里工作，也开始怀念自己从前所在的单位，领导信任她，同事尊敬她，如果不是为了跟随男友来到这座城市，她说什么也不会放弃刚开了个好头的事业。她从来没有怀疑过自己的工作能力，可为什么在这里上班做得如此吃力？难道真的都是别人的问题吗？

她回忆起近期在工作中发生的一幕幕：那天让助理列清单时，并没有向她解释为什么要这样做，这是对同事不尊重的表现，难免会产生误会；自己业务上有麻烦时，从来不向有经验的同事请教，别人一定觉得自己不需要帮忙；同事把急活儿交给自己，或许是真的看重了自己有能力，而不是刻意刁难。再反观自己，明明是新人，却总摆出一副很能干的样子，从没有主动帮过别人，也从没请求过别人的帮助，只想自己大展拳脚做事业，完全没考虑到团队的融洽与协作……越是这样想，越觉得太多的问题都出在自己身上。

第二天，艾女士刚一上班就找到助理："对不起，我一直没有跟你说过我在工作方面的想法。"接着，她把自己的理由告诉了助理，又听取了助理的一些工作经验，两个人商议出了更加有效的工作方法。午间休息时，艾女士又主动找到那个跟自己吵嚷过的同事，笑着说："对不起，那天我情绪不好，说了很多伤人的话，希望你不要介意。"同事听了，也觉得有点不好意思，说自己也有不对的地方。最后，两人一起吃了午饭，冰释前嫌。

几个月后，艾女士已经成了公司里的"红人"。她热情地帮同事解决问题，细致地为客户服务，带领的小组业绩节节攀升。领导对她的质疑彻底消失了，但凡有重要的任务，首先想到的人就是她，甚至还当着公司所有人的面说："只有把事情交给小艾，我才能放心。"

回顾新工作的历程，从最初的处处受阻，到现在的顺风顺水，艾女士彻底转变了对工作的认识和看法。以前总觉得，只要自己是金子，到哪儿都会发光；可现在才知道，即便是金子，如果没人认可你，价值依然是零。深得领导赏识和重用的人，不仅工作能力强，更重要的是懂得与每一位同事协同合作，塑造积极的、融洽的团队氛围，保证每个人的工作都能高效完成，提高公司整体的效益。

法国有句谚语："聪明人与朋友同行，步调总是齐一的。"拼命工作的"独行侠"，无论卖多少力气，费多少心思，都是很难做出大成绩的。只有时刻与团队中的伙伴携手并肩而行，多一份感恩，少一份计较，把自己的力和他人的力结合起来，才能冲破各种阻力，在职场路上走得更长远。

正确处理工作中的摩擦

有人的地方就会有摩擦，有摩擦就会产生矛盾。与人共事，如何避免摩擦、化解矛盾，是每个社会人必备的一种能力。若是不懂得如何处理人际关系，就会出现下面的情况。

员工张芮到隔壁的办公室里借用电话，进去后发现桌子上有两部电话机，就问旁边的同事："哪个是内线？"同事坐在电脑前，没有理会。

或许，放慢脚步
我们的感官就开始复苏

张芮以为她没听见，就用手指戳了一下她，说："问你呢？"其实，张芮的语气并不是气势汹汹的那种，毕竟大家年龄相仿，平时说话就很随便。可没想到，同事竟然一下子站起来，瞪着眼睛就开始破口大骂，说的话不堪入耳。张芮当时就愣住了。张芮不理她，自己打电话，可那位同事不知是遇到了什么事，情绪失控了，还在不停地骂，说张芮就不该来，旁边的两个同事劝阻也没用。

打完电话的张芮，见同事不依不饶，脾气也上来了。她二话没说，直接跟同事动起手来。一时间，办公室里的变得乱哄哄的，惊动了整个公司。最后，张芮和同事都遭到了经理的训责，并宣布两人均被取消了参加内部晋升的资格。

结合多年的从业经验，我发现了这样一个事实：个人的职业发展遭到阻碍，问题并不完全出在工作能力上，更多是出在了人际关系上。与同事、领导之间出现了小摩擦，因处理不当导致人际关系紧张，使得许多职场人士感到心力交瘁，进而影响了工作效率和质量。

其实，工作场合出现摩擦是很正常的事，关键是绝对不能以发脾气、斗气来解决。

身为普通人，我们都难以达到心不妄动、从不生气的境界，但我们至少可以努力做到在生气、焦躁的时候，暂时停下脚步、少说一句话。后退一步，不代表懦弱，而是冷静和理智，能够把情况分析得更透彻，从而做出正确的判断。在后退的同时，白热化的状态会逐渐冷却，有助于彻底解决问题，而不影响人际关系。

当同事表现出愤怒时，你不要以愤怒的姿态与之对峙。你可以坚持自己的意见，但一定向他表明，你希望彼此在冷静的状态下进行讨论。

同时，你也要询问他生气的原因，如果对方拒绝回答，不必强求；如果他说出不满，你要耐心倾听，但不要妄下断语或是提供解决办法。相信我，当你和颜悦色地与之说话，稍微有点修养的人都会为自己的失态感到羞愧，给他一点儿时间，他就会恢复冷静。当同事表现得很冷漠，不愿与你合作时，你不妨用友善的态度表示你想协助他的意愿。若是对方因家庭、情感等私人因素影响到工作，可建议他找朋友聊聊天，或是请两天假休息调整一下。

无论工作还是生活，都需要一点点妥协，向领导让步、向同事让步、向下属让步、向家人让步、向对手让步，都是不可避免的，也是处理人际关系不可或缺的方式。将心比心，多站在对方的立场想一想，多回顾对方曾经对自己的付出，当理解和感恩涌现时，你就不会认为让步是失败的代言，你会知道自己所做的退让是为了彼此更好地相处。比起逞一时之能、争一时之气，退一步能获得更大的胜利。

懂得感恩，尊重他人

人的心理是很微妙的，时刻渴望受到别人的尊重，却总忘记别人也有同样的需求。

以幽默著称的爱尔兰作家萧伯纳，在访问苏联期间与一个可爱的小姑娘玩耍了半天。临别时，他对小姑娘说：“回家告诉你妈妈，今天和你一起玩的是世界著名的文学大师萧伯纳。”小姑娘看了他一眼，学着他的口吻说：“回去告诉你妈妈，今天和你玩的是苏联美丽的小姑娘喀秋莎。”这番话，让萧伯纳顿时哑口无言。后来，萧伯纳把这件事作为教训铭记于心，并发誓要时刻尊重他人。

人与人之间的交往，应该建立在平等与尊重的基础上。尤其是同事之间相处，这种以工作为纽带的关系不同于亲情，如不注意分寸，一旦失和，不仅伤害感情，还会影响到工作的状态，乃至整个团队的效率。

1960 年当选牛津大学校长的英国前首相哈罗德·麦克米伦，曾提出过人际交往的四点建议：（1）尽量让别人正确；（2）选择“仁厚”而非“正确”；（3）把批评转变为容忍和尊重；（4）避免吹毛求疵。可以说，这些建议都是围绕着“尊重”提出来的。

那么，具体到工作中，如何来体现对同事的尊重呢？

○ 礼节是最基本的尊重

没有谁会喜欢一个见面耷拉着脸、冷若冰霜的同事，在同一家公司做事，即便彼此已经很熟悉了，见面时依然要热情地打招呼，以显示对他人的尊重。千万不要摆出一副高高在上的样子，总是等着别人先开口。

○ 尊重同事的独立人格

每个人的出生、经历、社会贡献都不同，可在人格上却都是平等的。与同事相处，要尊重他人独立的人格，不能乱起绰号、拿别人的事情当笑料、取笑挖苦他人，这些都是没有素质的体现。一个低素质的人，如何有资格成为公司的中层或高层？别忘了，在老板眼里，素质与能力同样重要。

如果某位同事跟你关系较好，将自己的隐私告诉你，那说明他对你足够信任，你要做的就是，自觉为他保守秘密。如果他在别人口中听到了自己的秘密被公开曝光，肯定会认为是你“出卖”了他，这会严重影响彼此间的关系。与此同时，也会让其他同事对你产生怀疑和否定，不敢与你推心置腹，即便是工作上的事，对你的信任度也会大大降低。

○ 尊重同事的工作成果

刘娜和王硕是同事，刘娜尽职尽责、表现良好，深受老板器重；王硕不善交际，与同事的关系一直比较紧张，看到老板对刘娜的赏识，心里很不平衡。在一次讨论会上，刘娜刚刚说完自己的设想，请大家发表意见，王硕就阴阳怪气地说："刘娜花了这么长时间收集资料，一定挺辛苦的，可我觉得没什么实用价值。"

如果你是刘娜，冥思苦想了许久，最后拿出来一个自认为比较满意的方案，结果被同事一句话就给否定了，你会不会觉得自尊心很受伤？己所不欲，勿施于人。每个人的工作成果都凝结了心血和精力，当别人展示自己的成果时，不要马上予以否定，对方是在为组织、为团队出谋划策。就算有不同的意见，也要用他人容易接受的方式提出来，且要对事不对人。

○ 做错了事要及时道歉

唇齿相依，难免磕磕碰碰。同事每天在一起工作，一定会有分歧和摩擦，若真发生了矛盾，切忌斤斤计较，闹得沸沸扬扬。没有哪个领导想看见员工在上班期间吵闹，更何况，如果你总是这样处理问题，领导也会认为你不懂得控制情绪、不善于处理矛盾、不懂得宽容与谅解，难当大任。明智的做法是，是你的错就主动道歉，求得谅解；不是你的错，尽量做到对事不对人，不牵扯个人感情，不耿耿于怀。

○ 不要乱对同事发脾气

办公室是工作的地方，每个人都是领导聘来的人才，没有谁比谁卑微，谁比谁高贵。不要把自己的私人情绪带到办公室，也不要对任何人颐指气使、乱发脾气，这是一种无能的表现，也是一种没有修养的表现，你的吼声越大，在同事和领导心中的地位越低。

尊人者，人尊之。身在职场，你若能够做到一视同仁、不卑不亢、不仰不俯地对待周围的每个人，用平等的心态、平常的心情、平静的心境去看待职场百态，那么你收获的不仅是他人的尊重，还有成就大事的素养和能力。

谁都可能犯错，多一些谅解

工作关系中的是是非非从来都不会停歇和间断，上下级之间的不快、同事之间的矛盾、与客户之间的摩擦，几乎每一刻都在上演。对于这些不可避免的人际问题，很多人会钻角尖、私下抱怨连连，或是当面与之争执，结果呢？问题没解决，人际关系却恶化了。

其实，工作中的问题，完全没有必要去争个高低胜负、分个你对我错，一来各自的立场不同，很难分清谁对谁错；二来解决问题的目的不是让谁服谁，而是让工作顺利地开展下去。

小陈是一家装潢公司的广告部主管，有一次，客户单位要求制作一个大灯箱，待到安装那天，客户单位的后勤处长坚持让小陈的属下按照他的建议方案来安装，结果在安装到一半的时候，因为操作方法不当，灯箱被摔碎了。损失了几千元不说，还险些砸到人，着实把大家吓了一跳。

小陈得知后很生气，直接找那位后勤处长理论："安装灯箱本来是我们的工作，你就不应该管这个事。"后勤处长见小陈气势汹汹，虽然有点不情愿，可还是道歉说："不好意思，我多了几句嘴，没想到后果这么严重。"小陈还是没消气，继续说："不好意思就能解决问题吗？现在的损失算谁的？"

见小陈得理不饶人，后勤处长也生气了，他说："我是说了几句，可你的属下也太没主见了吧？我只是提提建议，他们是专业人士，没有分辨能力吗？"脾气火爆的小陈一听更火了："这么说你是想赖账了？""你说话不要这么难听，谁赖账了？主要是分清责任，我们不能花冤枉钱！"两个人争执了半天，最后，小陈丢下一句话："咱们法庭上见。"

第二天，老板把小陈训斥了一番："你做事怎么不考虑后果？我们公司跟对方的合作就是一个灯箱那么简单吗？你和他们闹僵了，今后还怎么合作？"最后，老板跟小陈说："你也消消气，去给对方道个歉，争取把损失降到最低。"

老板发话，小陈只好硬着头皮去找那位后勤处长。让他意外的是，后勤处长见到他后竟然非常诚恳地跟他认错道歉，这不禁让小陈感到羞愧。经过商议，他们决定损失各承担一半。处理完工作的问题后，两人多聊了几句，没想到还挺投机，后来竟然成了朋友。

这件事引发了小陈的思考。因为，他在与后勤处长的接触中发现，其实对方是一个很通情达理的人，只是在处理灯箱的问题时，自己的言辞过于激烈，得理不让人，才激怒了对方。事后，对方非但没记仇，还主动道歉，这种宽容豁达正是自己所缺少的。

有了这次经历后，小陈在处理人际摩擦时变得宽容多了，不再处处咄咄逼人。即便是他有理，也不会把对方逼近死角，他知道，如果不给别人退路，就是与自己不便。

工作中的关系处理是非常考验人的，它考验的不仅仅是个人的能力，还有个人的修养品行。别人有错，可以指出，不要苛责。

苛责客户，抓住把柄不放，可你们的合作也到此结束了。看似失去的只是一个客户，其实许多潜在的机会也一并流失了。

苛责同事，反复强调对方失礼、自己没有错，把人逼入死胡同，很有可能会激怒对方。冲突顿起，矛盾更难解决，就算表面讲和了，心里也会有个疙瘩，在一起工作别别扭扭。况且，你的言行举止其他同事都看在眼里，势必会忌惮你的小心眼和爱计较，对你敬而远之。长远来看，损失最大的还是你自己。

苛责领导，更不可能有好结果。很多时候，领导都是自知的，他不愿意承认错误是为了维护自己在员工面前的权威，你破坏了他的权威，叫他如何重用你？如果他重用了你，是不是暗示着所有员工都可以这样对待领导？

得饶人处且饶人，若对方已有了内疚之意，就要学会同情和理解，学会宽容和礼让。这是一种做人修养，是一种交际美德，更是一种人生智慧。要知道，任何咄咄逼人的话都是有攻击性的，都会让人感到不舒服，你可能会赢了辩论，但也会输掉人缘，实在是得不偿失。

Chapter/07

‖

抵住诱惑，用忠诚践行感恩

忠诚比能力更重要

中世纪的欧洲烽火四起，当权者要求属下绝对地忠诚和谦卑，骑士的绝对效忠是出了名的。我曾问过一个德国的朋友：骑士的忠诚度真的可信吗？

朋友没有直接回答，默不作声地取来三个泥土做的玩偶，然后递给我一根可塑性很好的铁丝，要我依次从三个玩偶的耳朵插入。第一个玩偶，铁丝从口里穿了出来，朋友说："搬弄是非的人是永远守不住秘密的"；第二个玩偶，铁丝从另一只耳朵穿了出来，朋友说："话如耳边风的人总是漠不关心的"；第三只木偶，铁丝一点点地插进去，却再也不见出来，朋友笑着说："这就是骑士忠诚的可信度。"

对骑士来说，忠诚高于生命的存在。无论古时还是现代，无论是军队还是企业，都青睐忠诚的"骑士"，崇尚这种可贵的骑士精神。

英国某权威医学杂志曾经公布过美国军医的一项调查：部署在亚洲某地的美国海军陆战士兵中，有90%都曾受到过攻击，大多数人都目睹过战友阵亡或受伤。由于长期处在紧张状态，时刻面临危险，陆战队员的心理健康都受到了不同程度的损害。该调查结果显示，约有1/6的士兵在完成任务后出现了心理问题，这个比例与越南战争期间基本持平。

战争是残酷的，可对于美国士兵来说，有幸加入海军陆战部队仍然是一种荣誉，他们感恩并珍惜这一难得机遇。曾在军中服役 27 年的一位军士长说：“为了跟战友一起出征，我推迟了退役时间。如果我战前退役，我就不算一名真正的陆战队员。”另一位少校则说：“人们出于什么目的加入海军陆战队并不重要，重要的是他们认可我们的价值观、我们的历史和我们的传统。”这一切，无疑都表明了一点：美国海军陆战队士兵有着高度的忠诚度，他们忠诚于自己的军队，甚至不惧死亡。“永远忠诚”对美国海军陆战队来说，不是一句空话，而是一种生活方式。

与此同时，也有人对上百家企业进行深入研究，想知道什么因素能让员工有资格与老板保持密切关系，并得到重用。研究的结果表明：忠诚度，决定了员工在企业中的地位，以及受到重用的可能性！

我常常会给员工们做这样一个比喻：企业就像是一个同心圆，领导是圆心，员工是外圆。离圆心（领导）最近的不是高层主管，离圆心（领导）最远的也不是基层职员，外圆的远近由员工的忠诚度来决定。谁懂感恩，谁最忠诚，谁与领导的距离最近。

不信的话，你可以看看：在企业里升职最快的人，一定是那些忠诚度高的员工。领导宁愿信任一个能力差一些但足够忠诚的人，也不会重用一个能力非凡却朝秦暮楚的人。这就是我们常说的：忠诚胜于能力。

关于“双料博士找不到工作”的事，不知大家听过没有？

一个颇有才学的年轻人，先在一所知名大学修了法律专业，后又在另一所大学修了工程管理专业。按理说，这么优秀的人找工作应当很容易，可事实根本不是这样，他最后被很多企业拉入了黑名单，成为永不录用的对象。

为什么会这样呢？原因是，他毕业后先去了一家研究所，凭借自己的才华研发出了一项重要技术，也算是年轻有为。然而，当时研究所给他的工资待遇不高，他心里有些愤愤不平，就跳槽到了一家私企，并以出让那项技术为代价换来了公司副总的职务。三年后，他又带着这家公司的机密跳槽了。就这样，他先后背弃了不下五家公司，许多大公司得知他的品行后，都不敢录用他。此时，他才意识到，原来对公司不忠，最终受损的是自己。

对组织而言，人才绝对是难能可贵的财富，可如果用了一个不忠的人才，那给组织带来的损失远比他能创造的价值要大，谁愿意冒这个险呢？所以，一个不懂感恩、缺少忠诚的人，即便再有能力和创意，也没有人会欣赏他的才华，做人比做事更重要。

我曾有幸结识一位女职业经理人，她样貌平平，学历也不高，最初是在一家房地产公司做电脑打字员。她跟我讲，当时自己的工位与老板的办公室之间隔着一块大玻璃，老板的一举一动只要她愿意就能看得清清楚楚，但她很少往老板那边看，一来每天有打不完的材料，二来自己只想靠认真工作与别人一争长短。

她说，虽然那时候只是一个打字员，可她深觉老板创业很不容易。她尽可能地为公司打算，打印纸不舍得浪费一张，如果不是要紧的文件，她就双页打印。公司的运作步履维艰，一年后员工工资告急，很多同事都跳槽了，最后总经理办公室的员工就只剩下她一个。人少了，她的工作量必然比以前更大，除了打字，还要接电话、为老板整理文件。

她看得出来，老板的情绪很低落，甚至有点放弃了。有一天中午，她忍不住跑到老板的办公室，直截了当地问："您认为自己的公司已经垮了吗？"老板很吃惊，但很快回答："没有！""既然没有，您就不该这么消沉。现在的情况确实不太好，可许多公司也面临着同样的问题，不只是我们一家。我知道，您现在为了砸在工程上的那笔钱发愁，可公司还没有全死啊！我们还有一个公寓的项目，只要做好了，就能周转开。"说完，她拿出了那个项目的策划文案。

几天后，她被委派去做那个项目。两个月后，那片位置不算太好的公寓全部先期售出，她拿到了3800万元的支票，公司起死回生。之后的她，不再是公司里的打字员，而是副总。她协助老板做成了几个大的项目，四年后，公司改成股份制，老板成了董事长，她成了公司第一任总经理。

我问过她："为公司赢利，你是怎么做到的？"

她的回答很简单："一要用心，二没私心。"

仔细琢磨她的话，感觉事实的确如此。这位女职业经理人，始终秉承着一颗忠于公司、忠于岗位、忠于老板的心，这些忠诚，最终成就了公司，也成就了她自己。

扪心自问：你是一个忠诚于企业的员工吗？请认真思考下面这三个问题后再做回答。

○ 你尽心尽力做好本职工作了吗？

感恩和忠诚不是空口号，而要落实到行动中，最直接的表现莫过于做好自己的本职工作，尽到自己该尽的责任。很多员工对未来充满幻想，对眼下的工作却敷衍了事，殊不知薪水的增加、职位的晋升全部都是建立在忠实履行日常工作职责的基础上的，你若总是浑浑噩噩，如何让企业把重任交付给你？

○ 你关心组织的发展，与之共命运吗？

个人的前途与组织的命运是紧密相连的，一荣俱荣，一损俱损。如果把组织和个人区分开，认为组织的盈利亏损不是自己该操心的事，只要自己每天按时上下班，就该按月拿工资，一旦组织举步维艰，就辞职走人、另谋高就，那么走到哪儿都不会有好的发展。只有想组织所想、急组织所急，才能在处理问题的过程中不断提升能力，获得组织的信任。

○ 你时刻维护组织形象、重视组织的利益吗？

一个忠诚的员工，不会把组织当作谋生的场所，只顾拿薪水，不顾组织的荣誉。维护组织形象，从点滴的小事中就能知晓：接听客户电话时注意语气；遇到投诉时心平气和；解决问题时态度诚恳……工作的每一天，深知自己代表的不是个人，而是整个组织，不容许因为自己不经意的冷淡和鲁莽，致使组织蒙受荣誉和利益上的损失。

如果你选择了现在的组织，那就请心怀感恩、负责任地工作吧！既然组织付给你薪水，让你得到了温饱，得到了锻炼的机会，那你就该支持它、称赞它、感激它，和它站在同一立场，努力为它赢得利益和荣誉！

人品是看不见的竞争力

看到招聘网上有心仪的企业和职位，很多求职者心里都会思考：要顺利应聘这个职位，需要什么样的学历，什么样的技能？然后，思索自己身上的优势，衡量能否脱颖而出。

站在招聘者的立场，特别是企业的领导者，他们在招聘时势必也会考虑到上述因素，并通过一系列的笔试、问答来考核应聘者的能力。然而，这些测试并不能决定结果，现实中不少能力出众的人最终并没有被录取，而能力一般的人却脱颖而出，为什么会这样？

某公司的HR总监给出的回答是："一个人品行不好，即使有天大的才能，也不可能为公司创造福利，甚至会威胁公司的发展；一个品行高尚的人，即使没有过人的才华，也一定能撑起一片天地。人品，是看不见的竞争力。"

一位年轻有为的企业家，被电视台邀请作为某栏目的嘉宾。当节目接近尾声的时候，按照惯例，主持人提出了最后的一个问题："你认为事业成功最关键的因素是什么？"他沉思了片刻，没有直接回答主持人的问题，而是平静地讲述了一个故事：

十年前，有个小伙子来到英国，开始了半工半读的留学生活。渐渐地，他发现当地的车站几乎都是开放式的，不设检票口，也没有检票员，就连随机性的抽查都没有。凭借自己的聪明才智，他精确地估算了逃票而被查到的比例大约只有万分之三，他为自己的发现沾沾自喜。自那以后，他就经常逃票，还找到了一个安慰自己的理由：我是一个穷学生，能省点儿是点儿。

四年过去了，小伙子拿到了名牌大学的毕业证书。他对自己的前途充满了信心，开始频频地进入伦敦一些公司的大门，踌躇满志地推销自己。然而，结局是他没有想到的：这些公司对他的态度很相似，起初热情有加，在面试时屡屡暗示他将会被录用。可数日之后，接到的电话却是婉言相拒。他想不通为什么，最后决定写一封恳切的邮件，给其中一家公司的人力资源部经理，恳请他告知不予录用的原因。

当天晚上，他收到了回复："先生，我们很欣赏您的才华，可当我们调阅了您的信用记录后，发现您有乘车逃票的记载，我们认为此事至少证明了两点：第一，您不尊重规则；第二，您不值得信任。鉴于以上原因，本公司不敢冒昧地录用您，请谅解。"

此时，他才如梦初醒。在邮件的最后，对方摘录了一句话，正是这句话让他产生了一语惊人的感受："品德常常能弥补智慧的缺陷，但智慧永远填补不了品德的空白。"

故事讲完后，现场一片寂静。

主持人有点困惑，问道："这能说明您的成功之道吗？"

"能，因为这个年轻人就是曾经的我。一个人想要成功，不仅要靠智慧，还要靠品德。"现场顿时掌声如雷。依靠聪明才智，可能会在某方面做出一些成就，可若品德不过关，得到的迟早会失去，甚至会失去更多。

职场中向来不缺少聪明人，而是缺少德才兼备的人。许多人都只知道，善于交际、能说会道的人往往更容易被提拔，却忘了展示这些能力的前提你必须是真诚的、正直的。少了品行做根基的言辞，说得再好，都会给人以虚假的感觉。

一位私企老板在谈及用人之道时说："能力稍弱一点没关系，可以培养，可若品行有问题，那就无可救药了。如果一个员工不孝顺父母，同等条件下，我肯定是不会用的。你想啊，这个世界上，还有谁比他的父母更重要？不知父母恩，对父母薄情寡义的人，你如何要求他能融入团队，以组织的利益为大？"

换位思考，确实是这样。如果你是企业的领导，看着那些天天想着如何挖公司墙角、搞小动作破坏团结、当面一套背后一套的人，你敢相信他吗？你会任用他吗？从某种意义上来说，当一个人的人品存在问题时，他的能力越强，反作用就越大。这就如同深水炸弹，你不知道什么时候会引爆，可一旦引爆了，就可能带来致命的危机。这个世界到处都是有才华却穷困潦倒的人，想获得成功，不仅要有超强的能力，还要有品德。

不为个人利益而失德

数月前，朋友的公司招来了一位业务员，人很机灵，又有客户资源，到公司不到一个月就签了两笔单子。当时，朋友颇为欣慰地跟我说，这次真的是招对人了。可是前几天，我去朋友的公司办事，却没再见到这位业务员，一问才知，这位业务员被解雇了。

谁都知道，这个年代最紧缺的就是人才，这么能干的业务员，怎么好端端地就给辞退了？说起这件事，朋友摇头感叹："不是能力上的问题，是品德上的问题。一个人的品德低劣到了这个程度，我不想任用他。"

原来，朋友从同行的口中得知，这位业务员在前任公司就职时，为公司签订了不少合同订单，可每做一单，他都要拿"回扣"，而且特别"狠"，好几次他让对方开发票时都多开了四位数的款项，揣进了自己的腰包。

最后，朋友跟我讲："其实也不是钱的问题。这么优秀的业务员，我愿意给他加薪，多发他奖金。如果他对现在的工资不满意，大可跟我提，这都没问题……可这种私下的行为，我却特别反感，总觉得这样的人不知感恩，和自己不是一条心，迟早会为了利益出卖公司。"

通过工作的辛苦付出换取薪酬回报，是每个人的正常需求。然而，该得的得，不该得的就不能伸手。正所谓：君子爱财，取之有道。要做事、成事，人的修炼是最重要的。既要有做事的才干，也要有做人的德行。尽管品行这种竞争力，在短时间里不太明显，可时间久了，别人自会被你优良的品行所折服。

国有国法，行有行规。无论做什么事情，都要讲究职业操守，有自己的原则，不能损人利己、见利忘义，越过了这一规则就越过了人生的底线。或许，这种投机取巧的行为能在短期内得到一些利益，可从长远来看，却会断送一生的职业前程。

某公司公开招聘财务总监，开出的福利待遇不菲，前来面试的人很多，经过层层选拔，最终剩下了三位候选人。这三个人能力相当，负责招聘的人不知如何抉择，只好请示领导。领导听后，问了他们一个同样的问题："你怎样帮公司逃掉 200 万元税款？"

第一个人说可以如此这般做些手脚，第二个人说可以那样做账就看不出来……领导听到这些答案，点了点头，什么也没说，只是让他们回去等通知。轮到第三个人，他听完此问题后一愣，沉思了一会儿，反问道："您会这样做吗？"

领导点了点头，这位应聘者什么也没说，就向门口走去，表示退出。此时，领导站起来，冲他笑着说："先生，请留步，你是我们见过的应聘者中最有原则的。我欢迎你加入我们的公司，也相信你能把工作做得很出色。”

看到这里，我想无须赘述了品行的重要性了。从走进团队和组织的那一刻起，就当心怀感恩和忠诚，不赚取不义之财，坚守自己的职业操守。德，永远走在才的前面。

时刻为组织着想

有一次，我到医院看望住院的朋友。去过医院的人大都知道，无论是病人还是家属，在病房里待着难免会觉得闷。与朋友住同一病房的老伯，由女儿负责看护照料。见我进来后，老伯的女儿热情地跟我打了招呼，还递给我一张名片，上面赫然写着：北京 ×× 汽车公司，经理助理张 ×。

我很惊讶，通常只有业务员见到客户的时候才递名片，她不是业务员，而我又不买车，也没有咨询，她这是做什么？见我盯着名片看了半天，可能觉得有些尴尬，女孩连忙解释说：“我总嫌自己的名字难听，名片上写着，我就省得自报家门了！当然，如果您有亲戚朋友要买车的话，可以来找我，我可以帮忙做参考，价格上也有优惠。”我笑着回应道：“没问题。”

这时候，护士进来给病人输液。女孩笑盈盈地夸护士的皮肤好，护士对她似乎也很有好感，输完液后问道：“这周我休息的时候去店里找你吧，我想试试那款车，最好能有优惠。”女孩说：“没问题，到时候给

或许，门就是不固定的墙，
墙就是固定的门

我打电话。”说完，从包里拿出该汽车的宣传册，递给了护士，让她提前留意各款车的配置。

之后，我趁机问她：“你到哪里都带着这些宣传册吗？还有你的名片？”女孩笑着说：“对，去美容院、商场、饭店我都带着，万一能认识新朋友呢？再说，这一盒名片也不贵，能发给 100 个人。要是有一个人买了产品，利润可是一盒名片的几百倍。就算是不买产品的人，至少也会加深一下对我们公司品牌的印象，很值。”

我心里顿时产生了一种敬畏和感动之情。如果我是这家公司的负责人，能拥有这样一个时刻想着公司利益、为公司做宣传的员工，实在是企业之福！况且，她不是公司的销售人员，做这些事情也不能给她带来多大的利益，可她还是这么积极、热情地做着，心里揣着的始终是公司的利益和荣誉。我觉得，这样的人很值得尊重。也许，眼下的她只是一个普通的助理，可这种做事的心态，极有可能在不经意间给她带来机遇。

在一些比较“现实”的人看来，这样的做法未免显得太傻：公司有业务员，也有品牌推广人员，哪里需要你一个小助理做这些事？更别说，还是免费替公司宣传，做好自己该做的事就得了。他们始终把自己当成一个打工者，对组织没有归属感，更没有感恩之心，只是抱着干一天活赚一天钱的想法，做好自己的分内工作就万事大吉。在这种思想的支配下，让他们时时刻刻都为公司做宣传、维护公司的利益和形象，俨然是不可能的事。

其实，我特别想“普及”一下：为什么要维护组织的利益？

1997 年 6 月，当迈克尔·阿伯拉肖夫接管美国导弹驱逐舰“本福尔德”号的时候，船上管理混乱，水兵士气低迷，人心涣散，很多人都厌恶待在这艘船上，甚至想赶紧退役。可是，仅仅两年之后，这样的情况发生了颠覆性的改变。官兵上下一心，整个团队士气昂扬，“本福尔德”号成为美国太平洋舰队最优秀的舰艇。

迈克尔·阿伯拉肖夫到底用了什么魔法，让“本福尔德”号焕然一新？引用他在著作中的一句话就是：“这是你的船！”他告诉士兵：“这是你的船，你要与这艘船共命运，你要与这艘船上的官兵共命运。”

其实，组织何尝不是如此呢？当你选择了一家企业并成为其中的一员，就意味着你踏上了一艘船，从此你的命运就跟这艘船紧密地联系在一起。企业是船，你就是水手，保证船安全前行是你义不容辞的责任，遇到了狂风巨浪等风险，你也不能逃避，而是要努力保障它的安全，让它顺利抵达彼岸。

无论你扮演的是什么角色，担任的是什么职务，不可否认的是，你待在企业这艘船上，你是企业的员工，也是这艘船的主人。你不能以“乘客”的心态来度过人生的海洋。置身事外的人，迟早会遭到淘汰。正所谓：辅车相依，唇亡齿寒。

苏筱上大学时就给一家著名的 IT 公司做兼职，因为表现不错，毕业后直接成为该公司的正式员工，担任的职务是技术支持工程师。工作两年后，苏筱被提升了，成为公司历史上最年轻的中层领导。后来，因在技术支持部门业绩突出，他又被调到美国总部担任高级财务分析师。

不知情的人总在私下说他运气好，可世界上哪儿有偶然的成功？刚进这家公司时，他就是技术支持中心的一名普通工程师，但他打心眼里想做好毕业后的第一份工作。当时，经理考核他的依据是记录在公司的报表系统上的“成绩单”。

这份“成绩单”月末才能看到，他就想：如果可以每天得到“成绩单”的报表，那么经理岂不是能够更好地调配和督促员工？而员工也能够更快地得到促进和看到进步？与此同时，他还了解到，现行的月报表系统存在另外的缺陷：当时，另外一家分公司的技术支持中心只有三四十人，如果遇到新产品发布等原因，业务量突然大增，或是一两个员工请病假，很多工作就无法按照正常进度开展。

综合考虑一番后，他觉得自己有必要设计一个更快捷、更实用的报表系统。利用周末的时间，他写了一个具有他所期望的基础功能的报表小程序。一个月后，他把自己的“业余作品”——基于 web 内部网页上的报表开始投入了使用，取代了原来从美国照搬过来的 Excel 报表。

这份出色的作品，直接得到了公司总裁的赏识，他从这件事上看出了苏筱身上具备的一些潜在品质，觉得他可以从更高的管理角度思考问题。一年后，总裁将一个重要的升迁机会给了苏筱，让他担任公司在整个亚洲市场的技术支持总监。

对组织充满感恩的人，会时时处处替组织着想，积极主动地为组织创造更多的财富，这样的人无论在什么地方就职，都会成为中流砥柱，成为组织最需要的人。

同甘苦，共命运

通用公司前 CEO 杰克 · 韦尔奇曾说过这样一番话：“企业是船，你是船员，让船乘风破浪，安全前行，是你不可推卸的责任。一旦遇到风雨、礁石、海浪等种种风险，你不能选择逃避，而应该努力保驾护航，使这艘船安全靠岸。”

生活总有意外的状况，企业经营也如是，在市场的浪潮中奔波，难免会遭遇险阻。此时，有责任心的员工就该把公司当成家，与企业同舟共济，才能渡过难关，共生共赢。这是一种主人翁意识，也是一种对企业的归属感。不要觉得，企业垮了是老板的事，和自己没关系，大不了换一个地方。若不能从态度上有一个根本的转变，始终以局外人的身份在企业中生存，那么无论走到哪儿，都不可能有发展的机会。

士光敏夫在担任日本东芝株式会社社长时，对员工提出过一个严苛的要求：为了事业的人请来，为了工资的人请走。在他看来，能够把事业和自身价值联系在一起的人，才有可能把事业真正做大，即便是企业陷入困境时，他们也能跟企业荣辱与共。为了工资而来的人，看重的只是企业的福利待遇，并不是企业本身。将来有一天，企业出现了危机，他们肯定会拍拍屁股走人，因为他们想要的东西企业已经无法给予了，自然就会重新选择一个能给他们带来物质满足的地方。

不能与公司同舟共济的人，对企业是没有感恩之情的，有的只是一种打工心态。唯有和企业站在一起，才有可能脱颖而出，为企业做出贡献的同时，成就自己。现代企业缺乏的，正是这种富有感恩心、责任心，愿与组织捆绑在一起的人才。

之前看过一本畅销书，名曰《与公司共命运》，其中有这样一个案例：

杰克是生活在洛杉矶的一位年轻人，服务于一家知名广告公司。他的总裁叫迈克·约翰逊，比杰克年长几岁，在管理方面非常出色，为人也很好。杰克在公司里负责帮总裁签单、拉客户，由于口才突出，杰克在谈判的过程中，给不少客户都留下了深刻的印象。

杰克刚来公司时，公司的效益还不错，他的工作也进展得挺顺利。不久后，公司承担了一个大项目的策划，负责在城市的各个街道做广告。全体员工都很激动，全身心地投入到了工作中，全市大概有几千个街道，每个街道都做广告的话，效益相当可观。

总裁约翰逊在发工资那天，召开了全体会议，他讲道："公司承担的这个项目很大，仅仅是准备工作就要耗资几百万，资金相当紧张。所以，当月工资就要放到下个月一起发，请你们体谅一下公司。工资迟早都是你们的，只要我们把项目做好，大家共享利润。"员工对总裁的话都表示赞同，也就同意了。

半年后，情况发生了变化。公司上下辛苦奔波，待全套审批手续批下来时，公司却因为资金不足陷入了停滞状态。此时，别说给员工发工资，就连日常的运营都要依靠银行的贷款来维持。公司的情况不太乐观，欠款数额巨大，银行后来也不肯伸出援手了。

就在这个时候，杰克站了出来，说出了自己的想法：全体员工集资。总裁笑了笑，无奈地拍了拍他的肩膀："能集多少钱？公司又不是几十万就能脱离困境，集资几十万不过是杯水车薪，根本不顶用的。"

当约翰逊总裁把公司的情况坦白告诉所有员工时，一下子人心涣散了，很多人都决定要离开。那些没有拿到工资的员工，把总裁办公室围得水泄不通，见总裁实在没有钱支付工资，就干脆搬走办公室里的东西。

杰克没有这么做，他始终觉得，这个项目是个机会，前期已经做了那么多努力，不能白白浪费。他感慨颇多，想到在沙漠里生存下来的人，心里依然存着希望。不到一周的时间，公司的人已经走得差不多了，有人高薪聘请杰克，让他离职，杰克却说："公司前景好的时候，待我不薄，现在公司有困难，我不能袖手旁观，我不会做忘恩负义、没有道德的事。只要约翰逊总裁没宣布公司倒闭，他在这里一天，我就在这里一天，哪怕公司只剩下我一个人。"

事情就像预料中的那样，不久后公司真的只剩下杰克一个人陪伴约翰逊总裁了。总裁觉得很愧疚，问他为什么要留下来？杰克笑着说："既然上了船，遇到了风浪，就应该同舟共济。"街道广告属于城市规划的重点项目，在公司停顿下来后，政府不断催促，公司只好把这个项目转移到另外一家大公司。在签订合同的时候，约翰逊总裁提出了一个硬性条件：必须让杰克在该公司出任项目开发部经理。约翰逊总裁还当面向对方推荐说："杰克是一个不可多得的人才，只要他上了你的船，你就不必担心他会背叛你、抛弃你。"

公司需要精英人才，但更需要与之共命运的人才。加盟新公司后，杰克担任项目开发部经理。原公司拖欠的工资，新公司补发给了他，新总裁得知杰克在前公司的表现，非常欣慰和敬佩，握着他的手说："这个世界上能与公司共命运的人才很难得。或许，我的公司今后也会遇到困难，我希望有人能与我同舟共济。"在后来的几十年里，杰克一直没有离开这个公司。在他的努力下，公司得到了迅速的发展。如今，他已经成了这家公司的副总裁。

其实，个人和组织本就是一体的，一荣俱荣，一损俱损。不要热衷追求眼前浅薄的私利，要放大自己的格局，培养知恩、感恩与报恩的意识。只有组织先成功了，才有个人的成功。正所谓：皮之不存，毛之何焉。我们要把自己当成水手，在面对风雨、险滩、礁石的时候，和组织同舟共济，想办法去战胜它，待到那时，赢家不仅仅是船长，还有水手自己！

愿为组织牺牲个人利益

电影《铁面人》里有一处情节：菲利普亲王被他的弟弟（国王路易）关押在巴士底狱里，效忠于菲利普亲王的骑士团冒险将他救出，结果遭到了路易国王火枪队的伏击。路易下令开火，但火枪手们却没有扣动扳机，而是丢掉了枪支，庄严肃穆地向菲利普亲王骑士团仅存的 4 名血迹斑斑的骑士行礼致敬。那一刻，至高无上的国王也失去了尊严。

骑士为什么能够赢得这样的礼遇和尊重？因为，在需要他们付出代价成全大多数人的利益时，他们敢于牺牲，无论物质利益还是生命，都舍得放弃！扪心自问：为了组织，为了顾全大局，你是否也有这样的勇气和魄力牺牲个人的利益呢？

2008 年新春伊始，我国三湘地区遭遇了百年不遇的特大冰雪灾害，所到之处一片惨败景象，令人揪心难过。湖南郴州的桂阳县灾情尤为严重，水电路信息全部中断，原樟市镇政府水电管理站站长曹述军看在眼里，急在心里。

小年那天，亲人和兄弟们打电话给曹述军邀他一起吃团圆饭，他说自己在采购线路器材回不去。兄弟们好心劝他："郴州、长沙都有人在抢修电力设施时从电杆上摔下来，你不要搞了，太危险！"曹述军却说：

“我知道危险，可一想到政府抗灾救灾、恢复电力的决心，还有几百村民跟我求情、求通电，和村里无光亮的黑暗日子，我心里就难受……我会注意的。”

腊月二十六是曹述军的生日，他没有回家庆祝，而是在山上爬线杆。担任樟市救灾抢险领导小组副组长的他，身先士卒，一个人干几个人的活，一天上五六个电杆。如此巨大的工作量，加上天寒地冻，又冷又饿，就连身强体壮的年轻人都觉得吃不消，更何况已经 54 岁年纪且身患甲亢病的曹述军呢？

功夫不负有心人。在雪地里连续奋战了十几天，他和同事终于给一个又一个村子接上了电，把光明和温暖送到了村民的家里和心里。百姓们放鞭炮庆祝，曹述军热泪盈眶，觉得再辛苦也值了。然而，天有不测风云，人有旦夕祸福。2008 年 2 月 4 日下午，曹述军在为最后一个村子的最后一根电杆施工时，因天寒地冻、四肢麻木、年老体衰，外加保险带松脱等原因，不幸从 12 米高的电杆上摔下来造成重伤。

甘于奉献、舍得牺牲的人，总是值得尊敬的。在曹述军被抢救的十几个小时里，近百名乡亲绷着心在医院里为他祈祷，县委和县政府的领导也一直守护在他身边。遗憾的是，他伤势过重，于 2008 年 2 月 5 日凌晨去世。

有志不在年高，英雄虽去精神存。曹述军热爱他的工作，甘于奉献，他曾在日记里这样写道：“工作于电站，就应立足于本职工作，搞好本职工作，少发议论，多干实事，以普通一员出现于电站中。不符合原则的事不干，不利于团结的事不干。人生于世，重在贡献。多吃点苦头，多干点，有什么关系……事事带头处处领先，越是艰险越向前，为了党和人民的利益不惜牺牲自己的一切，甚至生命。”

这位令人尊重的兢兢业业、甘于奉献的电力员工，在个人利益与大多数人的利益发生冲突时，毫不犹豫地选择了牺牲个人利益，包括他唯一的、宝贵的生命。不得不说，这种精神是现代职场乃至社会最为需要的，也是最为欠缺的。

当公司业务繁忙、时间紧迫需要加班时，总有人抱怨工作太辛苦、加班费太少；当公司出现危机、效益下滑时，总有人嫌弃工作平台不佳、试图跳槽到别处；当公司蒸蒸日上、日进斗金时，总有人想着损公肥私、占点儿便宜……他们心里想的、眼里看的，只有个人利益，从来没有把公司当成过“家”，也没有把自己当成过“主人”，而更像是一个置身事外的旁观者，审视着“别人家”的兴衰起落，兴旺的时候想着分一杯羹，衰落的时候想着敬而远之。

有这种想法的人，从始至终就没有弄清楚一个问题：组织是什么？组织是所有人赖以生存、成长发展的平台，是所有个人利益的共同体！在这个共同体中，有人付出脑力劳动，有人付出体力劳动，然后换得相应的报酬。我们不妨来做一道简单的算术题：如果组织是一个桶，每个人都是拿着杯子舀水的人。桶的容量是 5L，打水的人是 5 个，每个人能分到多少？如果桶的容量是 10L，打水的还是 5 个，那每个人又能分到多少？答案不言而喻。

一个知恩感恩的人，总是有一点儿牺牲精神的。当然，我们不必把牺牲上升到“献出生命”这样的高度，平凡的人，平凡的岗位，这种牺牲可能就是在组织需要赶进度时，主动放弃一点休息时间，尽自己的绵薄之力；也可能是当个人荣誉和组织荣誉发生冲突时，能暂时放下个人得失，先为组织的荣誉考虑；还可能是在组织效益不济时，想尽办法节约成本、提高效率……牺牲不总是轰轰烈烈的，多数情况下就是重复简单的事，把简单的事做好。

美国考克斯有线电视公司的年轻工程师布莱恩·克莱，趁一次休假的时间装修房子，时间排得满满的。他到一家器材行购买木料，在等待木工师傅切割木料时，无意间听到附近的几个人在谈论考克斯公司的服务质量，且声音越来越大。布莱恩发现，其中有一个人对考克斯的服务非常不满，说话的语气和表情甚至透着一股愤怒。

这时，布莱恩接到未婚妻的电话，催促他回去监督工人们装修。可是，望着眼前的情景，布莱恩觉得自己不能置若罔闻。他走上前去，对那几个人说："很抱歉，我听到大家在讨论考克斯公司的服务情况。我是考克斯的员工，大家有什么意见可以跟我说，我会尽力帮助你们解决。"

那几个人望着布莱恩，有惊讶也有感动，毕竟他态度十分诚恳。很快，布莱恩就了解了事情的来龙去脉，并给公司打电话汇报了具体情况。随即，公司就派人到了那位顾客家，帮他处理了问题。待布莱恩的假期结束重返公司时，他又打电话给那位顾客了解服务情况，并向顾客提供了两个星期的试用期。最后，还向顾客表示了诚恳的道歉，顾客非常满意。

别把工作中的"牺牲"想象得太大、太难，布莱恩的做法告诉我们：牺牲精神，就是在做好本职工作的基础上，多为组织的整体利益着想，在组织需要你的时候，不找借口去逃避，不抱怨付出的辛苦，不计较个人的得失，一切以大局为重。

牺牲精神，不是完全地摒弃个人利益，而是把组织的利益放在第一位，树立主人翁意识。因为个人与组织是一体的，没有组织的存在就谈不上个人的发展，为组织牺牲个人利益正是知恩与报恩的一种体现。当你发自内心这样去做时，你的付出绝不会被白白辜负。

不贪图企业的便宜

网上流传着一些笑话，幽默之余却也折射出了不少现实问题：

“每天下班前我都会去厕所，把剩余的半卷卫生纸带回家”；

“我从家里带了一个脸盆，晚上没人的时候，就用饮水机的热水泡脚”；

“从网上下载小说，打印装订成册，都快凑齐金庸的全套小说了”；

“我手机用最便宜的套餐，煲电话全用公司的，这算不算会过日子呢”

“……”

听了这些话，会不会觉得场景有些熟悉，仿佛映射出了周围一些人的影子，或是映射出了自己内心的某些“小算盘”。这些事情看似都是一些小毛病，用的东西也不值钱，但这却能直接反映出一个人的职业操守和道德品质。

我们要说明一点，公司的物品不是免费资源，若是所有人都随便地把公司的东西私自拿走、肆意浪费，时间久了，数量多了，将是一笔巨大的资金。不要小看那一纸一笔，它所造成的伤害，比你想象的要严重

没有停顿的生命，
或许只是简单的重复

得多。有些人打拼多年，迟迟没有出头，不是输在了能力上，而是输在了职业操守上。组织和领导在观察和选拔人才时，往往都会透过一些细节来定夺，这就是“小用看业绩，大用看品行”。

某公司的业务员赵女士，每个月的工资不少，福利待遇也不错，但她并未感激公司给予自己的厚待，反倒经常占企业的便宜，把单位的一些办公用品拿回家。有一次，赵女士与一家公司的业务经理洽谈合作，多次沟通后，双方聊得不错。然而，在准备签署合同前，却出了“意外”。

说来也巧，业务经理的孩子跟赵女士的女儿是同学。有一天晚上，这位经理帮孩子辅导功课，无意间发现了一个作业本，他仔细一看，是赵女士所在公司的办公用纸做成的。他问孩子作业本是从哪儿来的？孩子告诉他，是班里 ×× 同学的。

有心的业务经理记下了那个名字。第二天，在跟赵女士聊天时，他故意提起孩子的教育问题，并从赵女士口中得知了对方孩子的名字。果然，如他所料，那个作业本就是赵女士女儿的。

知道真相的那一刻，这位业务经理对赵女士的好感消失了，同时也开始怀疑赵女士所在公司的盈利能力。毕竟，一个企业的员工丝毫不注重公司的利益，势必会增加成本、降低利润，跟这样的企业合作，无疑加大了合作的风险。经过一番慎重考虑，这位业务经理终止了与赵女士所在公司的合作。丧失了这笔生意，赵女士及其公司损失惨重。

赵女士大概不会想到，自己不经意间拿回家的小东西，竟然会让合作公司的业务经理知道；她也不会想到，合作计划的终止，竟然是由这些“小东西”造成的。我相信，洽谈合作的业务经理和赵女士的老板，看重的绝不是那一两个作业本，而是这种随便滥用公司物资的作风。今天你拿了纸张做成作业本，明天他拿了订书器，每个人都这样，公司的成本必然增加，这会严重影响公司的效益和发展。

比拿走公司办公用品更让老板反感的，是利用工作之便收取回扣。

A公司刚成立时，由于规模小，待遇也不高，很难找到合适的人才。小陆本科毕业，有两年的工作经验，面试时跟老板聊得很投机，最终选择留下做老板的左右手。老板很看重他，经常派他去采购一些办公用品，或是帮公司去处理一些事务。

有一次，公司的宣传彩页设计好后，老板很满意，就让小陆去联系印刷厂印制。印刷厂的业务员与小陆谈好价格后，眼珠一转，问了一句："发票怎么开？"小陆一愣，随即反应过来，尽管心里打着鼓，可还是说："多开200元吧！"

尝到了甜头的小陆，胆子愈发大了起来。他甚至还为自己发现了工作中的隐性收入而庆幸不已。在日后的工作中，他一方面享受着老板的器重，一方面私吞着公司的回扣。

三年过去了，公司发展得越来越好。老板决定扩大公司的规模，租用了一幢六层楼房作为公司的办公楼。带领大家看场地时，老板一边说着自己的规划，一边让随员做参谋。陪伴在老板身边的小陆心中大喜：这么大的厂房，要置备多少办公用品？那"好处"……

时隔半月，小陆终于盼来了老板的召见。他以为"机会"来了，却不料老板说了一番令他深感意外的话："小陆啊，你是公司的老员工了，公司发展到今天，你功不可没。公司马上就要扩大了，你是个挺能干的人，老实说我还真有点舍不得。"小陆感觉不对劲儿，果然老板递给他一个装有结清工资的信封。

小陆不解，问老板："您的意思是……"当老板说出理由时，小陆沉默了。老板说："公司扩大了，必须有完善的管理，对有贡献的员工要加薪升职，可对你的去留我充满了矛盾。本想留一个高位给你，但你之前的那些行为，实在让我担忧，所以……"

小陆怎么也没想到，每天忙得不可开交的老板竟然对他拿回扣的事了如指掌。离开公司那天，他心里很后悔，终于明白了一个道理：做人要懂感恩，不能贪图蝇头小利，窃取公司的利益。即便外界赋予了自己一些便利，如回扣、物质的贿赂，也要坚持自己的原则。以公谋私、为一己之私而做有损公司的事，当时看来是"赚"到了，可从长远来看却"输"了，输掉的是品行。冲破了道德底线，迟早会沦为出局者。

诱惑面前，坚守原则

商场如战场，一言不慎身败名裂，一语不慎全军覆没。

1990 年 9 月，美国国防部长切尼宣布解除空军参谋长杜根将军的职务，原因是杜根将军向记者公开发表了美国同伊拉克的作战计划，透露了美国的"具体作战方案"，泄露了有关美国空军的规模和布防的机密。

2008 年，腾讯公司称，由于遭到一家竞争对手的恶意挖角，部分员工集体跳槽，造成商业机密流失，一些投入巨资的研发项目搁浅，公司的利益严重受损。事后，公司向深圳福田法院正式起诉 15 名涉嫌集体跳槽的员工违反竞业禁止规定。

现代企业之间的竞争愈发激烈，为了不给竞争对手以可乘之机，每个公司都很看重自己的商业机密。一个懂得感恩的员工，定会为企业严守秘密，因为他知道这关乎着企业的命脉。但若心里没有这份感恩，就不会谨小慎微，很可能因为粗心大意给企业造成损失。

马琳是公司的前台，她对公司的核心问题接触得很少，通常只知道谁最近到哪儿出差，订了什么时候的机票，住在哪个酒店或是哪家企业要来访问等。她无论如何也不会想到，自己竟然会犯下泄露公司机密的错误。

某个周末，马琳跟朋友赴约，朋友给她引荐了另一位朋友，在研究所工作的赵先生。席间，这位赵先生问起马琳的工作情况。马琳也是好心，为了展示所在公司的雄厚实力，就顺口举了几位大客户为证。说者无心，听者有意。赵先生听了马琳说的客户后，立刻着手查找信息，搜集关系，将马琳所在公司即将签订的一个项目“截胡”，一跃成了对方的新合作者。

眼看要到手的大生意，就这么丢了，老板十分气恼。仔细调查后发现，竟然是前台马琳泄露的机密。考虑到她是无心之过，公司没有辞退她，但取消了她的年终奖和晋升的机会。这件事也给老板提了醒，公司与全体职员都签订了保密协议，堵上了这个缺口。

老板原谅了马琳，念在她不是刻意而为之。倘若是经不住诱惑、完全出于个人私利而恶意出卖公司商业机密的员工，没有一个老板会容许他继续待在自己的公司。

某公司的技术部经理汤森，行事果敢，谈判也是一把好手，深得老板的器重。

有一次，一位在商业活动中结识的朋友请他到酒吧喝酒，几杯酒下肚，对方说："有件事情我想请您帮忙。"汤森觉得很奇怪，毕竟两人的关系并不算太熟，能有什么事帮得上他呢？

对方说："最近，我跟贵公司在谈一个合作的项目。如果您能给我提供一份相关的技术资料，我在谈判中就能占据主动地位。"汤森一听，皱着眉头说："什么？这不是让我泄露公司的机密吗？"

见汤森有些恼火，对方故意压低声音说："这个忙我不会让您白帮的，我给您 10 万元作为酬劳。还有一点您放心，我绝对会为这件事情保密，对您不会有任何影响。"说完，就塞给汤森一张 10 万元的支票。汤森心动了。

在后来的谈判中，汤森所在的公司非常被动，损失很大。事后，公司查明了原因，汤森遭到了辞退，而那 10 万元的酬劳也被公司追回作为赔偿。汤森不仅没赚到钱，大好的前途也丢了。更糟糕的是，他在业界也算是小有名气的人，出了这样的事，很难再找到信任他的公司了。

从汤森泄露公司机密的那一刻起，他失去的不只是忠诚，还有个人的诚信、尊严以及前途。他忘了，自己跟公司是同一条船上的人，公司遭遇了风浪，自己必然也会受到影响。

可能有些人会说："有时，身边关系很好的朋友总跟我打听公司的一些情况，我很为难。说吧，就是对公司不忠；不说吧，面子上又过不去。"每次听到这样的抱怨，我都会给他们讲美国前总统罗斯福保守秘密的故事。

美国前总统罗斯福在就任美国海军部长助理时，有位朋友来拜访他。聊天时，朋友问起海军在加勒比海一个岛屿建立基地的事情。当时，朋友是这样说的："我只要你告诉我……我所听到的有关基地的传闻是不是真的？"

这件事在当时算是军事机密，是不能公开的，可要如何拒绝呢？罗斯福向周围看了看，压低嗓音问朋友："你能保守这个秘密吗？"

"能！"朋友想都没想，脱口而出。

"如果你能，那么我也能。"罗斯福微笑着说。

这句话是我们在生活中最常听到的——"我只告诉你，千万不要告诉别人"。可结果呢？往往是一传十，十传百，闹得人人皆知。

在诱惑颇多的今天，多一份知恩感恩的意识，知道自己和企业是一体的，才能够抵得住诱惑，替公司保守秘密，坚持自己的忠诚。当你把一腔忠诚献给企业和领导时，你所得到的不仅仅是企业对你更大的信任，还有更多的收益。这份收益，不只是金钱和职位，还有他人的尊重与敬畏。

Chapter/08

懂得感恩，才配拥有一切

未来的你，会感谢现在努力的自己

美国著名的《时代周刊》总编查尔斯，最初就是一个周薪 6 美元的《论坛报》的责任编辑。关于他的成功经验，他在日记里写道："为了收获成功的机会，我必须比其他人更努力地工作。当我的伙伴们在剧院时，我必须在房间里；当他们熟睡时，我必须在学习。"

世上没有免费的午餐，更没有不劳而获的好事，等待着奇迹的发生，等待着他人的帮衬，不如自己去努力争取。想要融洽的人际关系，你就得主动与人交心；想要真挚的感情，你就得学会感恩与珍惜；想要丰厚的报酬，你就得主动创造出色的业绩；想要晋升的机会，你就得承担更重的担子；想要成功的事业，你就得付出比常人更多的艰辛……没有什么比付出行动更有说服力，不要等到失去了，才后悔当初的不为之努力。

在过去很多次的培训中，我极力推荐员工们看看那部改编自美国黑人投资家克里斯·加德纳自传的电影《当幸福来敲门》。许多员工都在埋怨社会不公平，自己怀才不遇，每天带着极度不满的心去工作，却从来没有真正地睁开眼睛、敞开心扉去看看这个世界，看看那些优秀的人，是如何努力拼搏而成功的。

电影的主人公克里斯是一个医疗器械推销员，每天提着 20 多公斤重的医疗仪器四处奔波推销，可无奈大环境不好，他的付出并未得到回报。没有钱的日子让家庭陷入了窘境，妻子琳达不堪忍受艰难的生活，抛下克里斯和5岁的儿子离家出走，从此父子两人相依为命。

一次偶然的机会，克里斯得知做证券经纪人不需要高学历，只要懂数字和人际关系就行，之后他主动联系了迪恩维特证券公司的经理，得到了一个实习的机会。然而，迪恩维特公司的经理告诉他，这次的实习生一共有20个人，都要无薪工作六个月，但最终只留下一人。

没有薪水，负债累累，银行存款因欠税被充公，与儿子一起露宿街头，到纪念教堂排队住宿……那段岁月，是他人生中最艰难的日子，可就在如此困顿的时候，他还是咬着牙坚持了下来，并一直教育儿子要乐观。他曾在篮球场边对儿子说过这样的话："别让别人告诉你你成不了才，即使是我也不行。如果你有梦想的话，就要去捍卫它。那些一事无成的人想告诉你你也成不了大器。如果你有理想的话，就要去努力实现。"最终，克里斯凭借自己的意志和努力，获得了股票经纪人的工作。而后，他又创办了属于自己的公司，成为百万富翁。

克里斯忍饥挨饿接受实习半年零工资的条件，从最底层一步步成为百万富翁，这是一个传奇而又励志的故事。借助他的经历，我们也需要认清一个道理：美好和成功不是凭借空想就能得到的，所有的奇迹都必须通过努力才有可能出现！

美国一位知名的销售大亨在描述自己的成长经历时，如是说道——

"在我很小的时候，我的父亲就告诉我一个道理：当你只是坐在房子里的时候，面包和牛奶不会自动在你面前出现。可以说，在我成长的岁月里，我一直都被父亲逼着往前跑，从未停下来等待奇迹的出现。

“从我上学开始，我就靠每天清晨给人送报纸来赚取零用钱，当其他的孩子还在睡梦中的时候，我已经走出家门了。清晨的街头，有很多跟我一样的孩子，他们也靠送报纸赚零用钱，只是年龄比我大，还有单车。他们经常从我身边呼啸而过，我很羡慕，但也只是羡慕，然后继续靠自己的双腿一家一家地送报纸。

“在第一天派报结束后，我对父亲说：‘爸爸，别人都是骑单车派报纸的，只有我一个人是走路的，你得给我买一辆单车。’当时，父亲正在修理收音机，听到我这么说，他放下了手里的活，用眼睛看着我重复了那句话：‘小子，你以为你只要坐在桌子前面，面包和牛奶就会自动出现吗？不，不会！所有的面包和牛奶都是靠劳动换来的。如果你想要一辆单车，你也得靠自己的劳动去换取，而不是坐在这里，等着别人给你。’我听了很不高兴，小声嘀咕：‘光靠每天送报纸得什么时候才能买到单车啊！’父亲听见了，回了一句：‘那就想办法让自己多赚点钱！’说完，又继续修理收音机去了。

“得不到父亲的帮助，我只能靠自己了。利用周末的时间，我去给邻居们粉刷篱笆、剪草，赚取另外的收入。整整三个月后，我才为自己赢来了第一辆单车。在当时看来父亲似乎是很不讲情理的，可我现在回想起来却很感激他，他的教导对我后来的生活和事业起到了积极的作用，让我明白了一点：不要期待任何东西会自动出现，更不要期待别人送给你，想要什么东西就自己努力去争取。”

当你眼红别人升职加薪的时候，你有没有想过自己为这份工作真正付出过什么？当你抱怨公司没有发展空间的时候，你有没有想过自己为公司创造过什么？当你不满老板对你不予以重任的时候，你有没有想过自己为老板分担过什么?

如果你不能肯定地回答出你做出的努力、你付出的心血、你创造的价值，就不要再抱怨社公司、抱怨老板了。困境、难题是生活和工作不可少的一部分，任何人都要经历和面对，不是它们剥夺了你想要的东西，是你还不够努力。

这个世界上，没有谁能凭空得到想要的一切，任何成功都靠实干来获得，带着虔诚与感恩去工作吧，小到一个任务，大到一份事业，兢兢业业地对待，踏踏实实地付出，未来的你一定会感谢现在拼命的自己。

不吝恩付出，不畏惧吃苦

你可能有过类似的经历或感触：遇到轻松好做、能显风光的事情，总有人争着抢着去干；遇到尖锐棘手、麻烦不断的事情，瞬间就会鸦雀无声，没有谁愿意接这个烫手的山芋。有时，无奈被点名上阵，还没尽全力去尝试，抱怨之声和放弃之念，就已占据了内心。最后，稀里糊涂地应付一番，上交一份不尽如人意的结果，或是干脆找个借口，撇下一个烂摊子。

话说回来，再艰巨的任务，再难做的事情，再沉重的压力，也要有人去扛。不畏困难，知难而上，这是人最基本的信念。那些能够出色完成棘手任务的人，并不是生来比他人优秀、能力突出，只是他们愿意用行动去回报企业的恩情，回报领导的信任，不轻易认输，不在困难面前偷懒，愿意多动脑、勤跑腿，牺牲个人的休息时间，不断去克服客观和主观的阻碍。

很多人不愿意承认，他们懒得接手难题，往往是内心有所顾忌：完成任务会不会被批评？领导会不会认为我能力不行？想到这些，自然也就不愿意去冒险。实际上，领导没那么狭隘，只要你全力以赴去做了，哪怕任务没有完成，领导也不会责备你，毕竟在别人袖手旁观的时候，你敢去承担，就足以证明你是一个值得信任的人。

陆先生是我的一位老客户，现任某公司投资 DM 杂志的客户总监。回顾这些年的从业经历，甚是艰辛，每段路都不容易。庆幸的是，他靠着勤奋和坚韧挺了过来。

刚入职时，陆先生就是一个再普通不过的业务员，整整三个月的时间，遭受了无数的冷眼拒绝，一个单也没签到。到第四个月的某一天，他正在去拜访客户的路上，突然遭遇了倾盆大雨，被浇得浑身湿透。站在原地的他，看着街边橱窗镜里映出的狼狈模样，真的是没信心和勇气再去见客户了。

“我往回走了 100 米，可心里却很不是滋味，停下来想了想，还是再试一次吧！没试过，怎么知道不行呢？”陆先生自己给自己打气，没有因为天气不好而偷懒回家，也没有因为前面的失败而放弃尝试。他走到客户公司门口，看着淋成了落汤鸡的自己，有点不好意思敲门，但又不甘心就这么回去。他说：“我硬着头皮走了进去，客户见我的时候也很惊讶。结果，他当场就跟我签了一个 3 万元的大单。这是我所在的部门组建以来，签到的第一单，也是我的第一单，我永远也忘不了。”

随后，陆先生被公司委派去做房地产开发，这段经历也不同寻常。他曾经骑着自行车，挨个去拜访一家家国有企业，询问他们的土地开发意向。有一次，为了见到其中的一位副厂长，他连续两个月天天登门拜访，最终感动了对方，答应与他见面。

为了不影响公司的形象，他在冰天雪地里，将自行车停在几公里外的地方，步行去见那位厂长。在过道里，他用暖气片让自己的脸色恢复正常后，才从容自如地走进对方的办公室，最终签下了合约。时隔许久，对方才知道他为了那次见面有多用心，不禁大为感叹，说陆先生是值得深交的人。至今，他们依然是很好的朋友。

再后来，陆先生被安排到公司投资的体育用品市场做总经理。三年后，他又走向了现在的岗位，担任公司投资的 DM 杂志的客户总监。在公司的这些年，他的工作至少涉及了四个领域，公司开展的新业务的“先锋团队”里都有他的身影，所有的苦和累他都经历过，可他却从未偷过一次懒，说过一声烦。尽管当时他也闪过放弃的念头，但都咬着牙克服了。陆先生说：“今天想起来，还是很感谢那些苦难的，挺过去了就是另一片天。”

不管是谁，从事哪个行业，吃苦都是不可避免的。想起多年前我跑业务时，也跟陆先生的经历差不多。面对繁重的月度销售任务，在最后的期限里，我总是马不停蹄地奔波着，披星戴月是常事，一直全力以赴地做着。当时，很多同事都放弃了，因为完不成任务就拿不到奖金，还可能会挨批。我没想那么多，只觉得自己已经竭尽全力，无怨无悔，对得起领导，也对得住自己的良心，哪怕任务完成得不够好，但我可以从中总结经验、吸取教训。结果呢？我每次任务完成得都不错。

多一份感恩，不要吝啬付出，更不要畏惧吃苦，一步一个脚印地走下去，不偷懒、不耍滑。当苦过去以后，你会发觉，其实那点儿苦算不了什么。特别是在取得了某些成就后，你还会体味到，曾经的苦也是一种幸福的回忆，以及“炫耀”的资历。

懂得感恩，锐意进取

某知名网站曾经做过一个专题调查：你的职场是否“安乐死”？

结果显示，竟有 90% 的职场人，或多或少都处于安乐状态，对工作没有激情，无精打采。其中，女性职员容易受到家庭和情绪的影响，比较安于现状、得过且过，不想给自己找麻烦。调查还显示：25 岁以下的人群中，有 35% 的人对工作没兴趣；25%~35% 的年龄偏大一点的人群，反而能够积极地对待工作。

看到这样的结果，不禁为那些对不知感恩工作、珍惜机会、能混则混的人捏了一把汗。我知道，许多年轻人崇尚的是自由和洒脱，在生活上保持随遇而安的状态是一种智慧，但随波逐流、听之任之却不够理性。一个人对工作能否保持长久、稳定的激情，有没有超越现状、锐意进取的想法，直接影响着他的职业发展，乃至整个人生。

34 岁的梦洁从未想过，有一天会主动辞职回家全心全意带孩子，只是这份主动中多少夹杂着一些被动。那天下午，她正忙着处理客户的意见，家里的保姆打电话来，说孩子玩耍时摔了腿，正在医院就医。听到这个消息，梦洁赶紧把手里的工作交给同事，向领导请假。

其实，这样的事情已经不止一次了。每次领导都是默默地同意，这一次也一样，只是多了一句提醒：“如果孩子非常需要你的照顾，我建

如果，你拥有一万双眼睛，
为什么一直还只用一双眼睛看世界？

议你最好做一段时间的全职妈妈，安心陪伴他。”梦洁的脸一下子红了，她知道领导说出这样的话实际上已经对自己很不满。冲动之下，梦洁在口头上提出了辞职，然后直奔医院。

梦洁在职场打拼有 10 年了，这些年她勤勤恳恳地做事。刚到公司时，她只是客服部门的一个小职员，但她很珍惜这个工作机会，做事充满热情，看到哪儿有问题，哪些地方需要改进，都会及时跟领导沟通，哪怕和领导的意见不同，她也会真诚地去探讨。凭借着突出的表现，在入职第三年时，她就被提升为小组长，第五年晋升为副主任。

随着时间的推移，梦洁的那份感恩之意渐渐变淡了，对工作也不如过去那样热情，每天都是机械地做着同样的事。尤其是在成家有了孩子后，她更是不能全心全意工作了，不愿意花心思多思考问题，工作上的事只要求“差不多”就行。有时，全公司开会，领导给大家鼓劲，她也会燃起激情，想做出更大的成就，可那激情只是瞬间，随后就被惰性和安逸取代了。

她在副主任的位子上待了好几年，没有任何的提升。她的顶头上司换了几拨，而她自己却一直原地踏步。她总在想，只要做好现在的事就行了，压力不大，待遇挺好，何必在乎职位呢？

没想到，就在她以这样的话语麻痹自己时，她竟被迫主动辞职。想到这儿，梦洁的心里也很后悔，毕竟能从不起眼的小职员一路走到现在，实在不易。恨只恨，自己在后来的日子里太安于现状，放松了对自己的要求。

人活在世上应当有所作为，而成就事业的关键在于是否有积极进取的精神。无论是大成功还是小成绩，都与投机取巧、胸无大志的平庸之辈无缘。我刚参加工作的时候，父亲告诫过我一番话，他说："无论将来从事什么工作，如果你能对自己所做的事充满热情，你就不会为自己的前途操心了。"

对这番话，我当时似懂非懂，但我坚持这样做了。一路走到现在，回顾过往的点点滴滴，方才理解了它的深意。我们都是平凡的，可平凡并不阻碍我们变得优秀，对于外界给予我们的机遇，要心怀感恩、倍加珍惜，有了这样的思想意识，我们会不由自主地萌生出进取的动力，保持积极向上的姿态。在这样的状态下，对工作有利的各种条件就会像发生连锁反应一样不断呈现，逐渐进入良性的循环，推着我们走向卓越。

做事做到位，不随意交差

刘女士是一家大型文化公司的策划专员，性格外向，幽默大方。领导当初选择录用她，也是看了她写的微博推广，无论是流畅性、可读性还是说服力，都很不错。只是，领导怎么也没想到，到了"真枪实战"时，刘女士的表现和面试时大相径庭。

先说工作态度，刘女士对这份工作缺少了一份敬畏之心，她很散漫，每天都是10点多才进办公室。公司的时间制度很灵活，可自由选择朝九晚五或者朝十晚六，但无论按照哪个时间来说，她都是迟到了。既然来晚了，做事就该麻利点，可她却还要花费半个小时去看看新闻资讯，11点才会打开文档，一边看稿子，一边打字聊天。公司着急的一个文案，她得用一周才能做完。每次领导问及进度，她都会说："还有一些问题，需要润色加工。”

领导一开始觉得，慢工出细活，也就没催她，充满期待地等着她交上一份出色的文案。可是，当文案呈现在领导眼前时，他急得直想跳脚，跟他几天前看过的基本上没多大区别。领导不动声色地将这份稿子给另一个资深的策划人员进行修改，发现其中还有十几处抄袭的问题，这是工作中的大忌，刘女士却丝毫不避讳。

为此，领导直接找到刘女士，说道："上班第一天，你应该看过策划文案的规章制度，如果一部稿件中出现 10 个错别字，视为工作不到位，作品不合格。你编辑的这份稿件，第一部分就出现了 15 个错别字！光是错字也就算了，还存在大量的抄袭问题，如果不是其他同事查了出来，你知道这会带来多大的麻烦吗？我现在就想问你一句实话，你有没有认真去做这份工作？"

刘女士并没有直接回答老板的问题，而是说："我以为这样的抄袭不会有什么问题。"

"那你认为什么样的抄袭才有问题？就算你引用了其他人的文案，至少你应该告诉我，或者提醒我，来给这些内容把把关吧？"

面对领导的严厉质问，刘女士不敢承认，也不好意思承认，她对这份工作并没有尽自己全部的心力。没等领导开口，刘女士就以近期身体不适影响了工作的状态为由，请求暂时离职。领导顾及刘女士的颜面，也就给了一个顺水人情，同意她离职。

这并非个别现象，美国一项权威的调查显示，九成的职场人员都存在随意交差、做事不到位的行为。正因为此，才会有那么多不合格产品、豆腐渣工程，才会造成那么多本可以避免的事故和风险。很显然，这些人缺少敬业精神，同时更没有想过用出色的工作成果回馈企业和领导的信任，没有了感恩做支持，随意交差就成了必然。

所谓随意交差，就是乍一看“差不多”，没什么大问题，可实际上却存在诸多的小问题，经不起推敲和细看。如果他们心怀感恩，尽心尽力地为企业出力，就不会把这样的结果拿出来，因为他们十分清楚，交上去也会被打回来，这是在浪费自己和领导的时间，也是在浪费企业的资源，还会给人留下做事不认真、不靠谱的印象。

时刻想着回报企业的员工，不用他人说，会自觉地给自己制定严苛的要求。如果一项工作的合格标准是 100%，他们会将其当成底线，本着 100% 的目标去努力，先给自己一个最满意的答案，然后再将这个最完美的答案交给领导。待领导审查后，再根据相应的意见和建议，做进一步的修改与完善，力求高质高效。哪怕只是一件看起来微不足道的事情，也会尽力将它做好、做细、做精。

自动自发，不只做交代的事

我曾在几家不同的公司里，目睹过这样的场景——

A 公司的客户服务部，一个工位上的电话响了五六声，只因当事人有事不在，就没有人去接听电话。事实上，就在这个工位的前方，两个小伙子正在那滔滔不绝地谈着昨晚的球赛：“呵，昨天工人体育馆的人超级多啊……”

B 公司的业务员在电脑前聚精会神地忙着，客户打来电话，貌似是在追问何时发货。业务员心不在焉地说："这个……我们现在很忙，可能要等到明天，也可能是后天，要看库房的安排，你再等等吧……"是的，他很忙，他在忙着跟人"斗地主"。

C公司的生产车间，主任问员工："为什么这个月的任务量又没完成？""我们也不想，可机器总出故障，小组有两个人请假，我们已经加班加点地做了。"果真如此吗？我所见到的修理机器的维修工，双手总是干干净净的，工具箱上都落了一层土，他整天在"忙里偷闲"地拿着手机玩微信；至于其他工人，主任在的时候很敬业，主任不在的时候总有一堆聊不完的话题，或是闭目养神，或是偷着干点私活……

其实，类似上述的情况，在生活中的很多领域都能看得到。我深感遗憾，这些人只知道做领导交代的事，甚至连本职的工作都不愿意做，完全没有主动工作的意识，更别提理解领导对员工的期望，用实际行动去回馈企业了。他们总以为做好分内事就行了，殊不知，真正对企业报以感恩和报恩之心的人，不会只做领导交代的事，他还会去做没有人吩咐而企业需要做的事。

刘某多年前进入某房地产开发公司任职。一次和朋友聚会，他偶然得到一个内部消息，市政府有意在市郊划出一块地，用于建造保障房，以此解决市内低收入人群的住房问题。说者无心，听者有意，他在聚会后立刻去求证这一信息是否属实，同时也开始着手准备一些前期资料。他的想法很明确，如果这个消息是真的，市政府必然会公开招标，到时一定会有多家开发商参与投标，倘若自己所在的房地产公司事先有所准备，胜算显然会大一些。

关系不错的同事私下劝他："你这是自讨苦吃，没有人让你做这些事情啊。况且，消息要是假的，你不是白忙活一场吗？”他笑笑说：“万一是真的呢？我现在做这一切不就是必要的吗？公司好了，对我们都有益。”

果然，三个月后，市政府公布了要在市南郊划出一块地皮建保障房的消息。几家有实力的房地产公司立刻开始忙碌起来，准备投标事宜，刘某所在的公司也是如此。就在经理召开紧急会议，商讨竞标工作的运作时，刘某拿了厚厚的资料交给了经理。

看到那无比翔实的资料时，经理很意外又很欣喜，说：“你不是财务部的员工吗？”“是的。”“谁让你这么做的？”“没有人让我这么做，是我觉得这些东西对公司有帮助，就顺手做了。希望能给同事节省点时间和精力去着手其他事情。”这番话一说完，会议室里就响起了热烈的掌声，在座的高层领导也对眼前的这位员工流露出肯定的神情。

在后来的竞标中，他所在的公司一举中标。庆功会上，经理郑重其事地代表公司向他敬了一杯酒，并当场宣布，由他接替即将退休的财务部主管的职务。

我们不能说是因为有了刘某提供的资料，他所在的公司才一举中标，这一结果凝聚了公司所有人的努力。刘某之所以得到重用，也不仅仅是因为他收集了那些资料，而是公司高层看重他这种主动为公司做事的态度和精神。当时的刘某，只是公司财务部的普通职员，他的职责是处理公司财务方面的事宜，而他却在做好本职工作的同时，主动去从事没有人吩咐他却对公司极其有利的事，如果你的公司里有这样一位员工，你不愿嘉奖他、重用他吗？

任何一家公司、任何一位领导都希望自己的属下能够心怀感恩、主动做事，而不是等着领导在背后推着他去做事。每一位领导心中都有对员工的终极期望："不要只做我交代你的事，努力去做一切企业需要你做的事！"

心存感恩的人，总是全力以赴

猎人到森林里打猎，猎狗紧跟其后。猎人一枪击中一只兔子的后腿，受伤的兔子开始拼命地逃跑。在猎人的指示下，猎狗飞奔去追赶兔子。

猎狗追着追着，却发现兔子不见了，只好悻悻地回到猎人身边。猎人大骂道："真是没用，连一只受伤的兔子都追不上。"猎狗很不服气，说："我尽力而为了呀！"

兔子带着伤跑回了洞里，它的亲人们围过来惊讶地问："那只猎狗很凶猛，你又受了伤，怎么逃脱的？"兔子说："它是尽力而为，我是全力以赴！它没追上我，顶多挨顿骂，我要不全力跑就没命了！"

我曾在多次培训中都提到过这个故事，原因是觉得它贴切地映射出生活中的一些现状：有人总抱怨工作难度大，找各种理由来给自己未完成任务开脱，最后来一句："我已经尽力了。"言语间，透着一丝委屈和无奈。

尽力，就足够了吗？戴尔·卡耐基说过："要想获得成功，仅仅尽力而为还不够，还必须全力以赴。"当你敷衍工作、浅尝而止、逃避责任的时候，总有人像"兔子"一样，拼尽全力地去完成和你一样的任务。你以为原地踏步就安全了，殊不知没前进就等同于倒退。

人们在对待一项任务的态度上，大致有三类表现：

第一，试试看，从不尽力去做好任何一件事，总在用怀疑的目光去审视他人的成功。他们没有激情和干劲，就算成功的机会摆在眼前，也会视而不见。这种人有的只是抱怨和犹豫，永远不可能获得成功。

第二，尽力而为，规规矩矩、本本分分，做的事情可能不那么出彩，那也挑不出什么毛病。这种人在面对工作和任务时，往往是有所保留的，不求有功、但求无过。尽管保留的东西很少，却是最重要的。所以，当一个员工说“尽力而为”时，实际上已经不可能期望他有什么出色的表现了。

第三，全力以赴，为了完成任务，不惜一切代价，不达目的不罢休。这意味着，他们要比平常人付出更多的艰辛和努力，对工作有着超强的进取心和始终如一的激情，清楚自己想要什么，如何做才能够得到。

戴尔·泰勒是美国西雅图一所著名教堂里的牧师。有一次，他向教会学校的学生们发出了“悬赏”公告：谁若能够背诵出《圣经·马太福音》里第五章到第七章的全部内容，谁就可受邀到西雅图“太空针”高塔餐厅免费品尝大餐。

对于孩子来说，这个任务难度很大，一来字数多达几万，二来内容并不押韵。很多孩子直接就放弃了，觉得自己根本做不到；有些孩子浅尝辄止，知难而退了。

泰勒以为，事情就这么过去了，直到几天后，一个11岁的男孩找到他，在他面前一字不落地背诵了全部内容，他背得很流畅，就像是照着《圣经》诵读一样。泰勒很震惊，在成年的信徒中，也少有人能把如此篇幅背下来。他赞叹男孩的记忆力，问道：“你为什么能背下这么长的文字？”男孩说：“因为我全力以赴去背了。”这个小男孩，就是比尔·盖茨。

比尔·盖茨不是特例。曾任美国国务卿的科林·鲍威尔，出身贫寒，年轻时为了养家，曾在一家汽水厂做洗瓶子、擦地板的杂活。有一回，几个工人在搬货的过程中不小心打碎了几箱汽水，弄得满车间都是玻璃碎片和黏黏的汽水。原本，出了这样的事情，那几个工人应当负责打扫，可他们居然像什么也没发生似的，搬完货就走了。

看着眼前的一片狼藉，鲍威尔没有说一句抱怨的话，就开始着手清理。他知道，如果没有人处理，明天肯定会影响工作。就这样，鲍威尔开始认真打扫，把地板擦得干干净净，一尘不染。这一切，被不远处的主管尽收眼底。几天后，鲍威尔就被提升为瓶装部的主管了。

自那以后，鲍威尔谨记着一条准则：凡事全力以赴，总会有人注意到你。后来，鲍威尔以出色的成绩考入军校，最终成为美国历史上第一位黑人四星上将，第一位黑人参谋长联席会议主席，第一位黑人国务卿。在从政的十几年里，他一直秉承着那个准则：全力以赴。

心怀感恩的人，永远秉持着对企业的忠诚，并在工作中全力以赴取得胜利；最闪耀的光环与荣耀，也永远属于那些知恩报恩、毫无保留、竭尽所能的人。

一家电子产品公司的销售总监顾先生跟我讲，他们急需的人才，是有感恩之心、工作起来全力以赴、有奋斗进取精神的人。一个人再聪明、再有才干，如果习惯抱着尽力而为的做事心态，就不能全力以赴地做事，干什么都会欠点火候。

顾先生要求自己干一行就要爱一行，选择了就要坚持到底，投入全部的精力做到最好。十年前，他从建筑学院毕业，因为没有工作经验，别说找到对口单位了，就连找一份合适的工作都很难。最后，他选择了做销售，经过公司的层层选拔，成了现在一名普通业务员。

当时，公司还在发展初期，规模不大，没有条件提供专门的培训。什么都不懂的他，完全都是靠自己摸索，可他却下定决心要全力以赴做好这份工作。在别的销售员还在观望时，他开始向身边的亲友、同学、邻居宣传公司的产品，逢年过节、聚会庆生，他甚至自掏腰包买公司的产品作为礼物赠送。他跑遍了销售区域的大小商场、大街小巷，想尽办法说服商场、商店以及个人试销、试用公司的产品。他亲自设计、打印产品宣传单，到小区里给退休的老人讲解公司的产品如何节能节电……恶劣的天气挡不住他的脚步，顾客的拒绝浇不熄他的热情，他的忙碌和努力最终换来了回报。

当其他业务员抱怨销售不好做、出单难的时候，他的业绩已经从零开始一点点地直线上升了，为公司打开了销路。由于公司的产品性能好，价格合理，优势很快就凸显出来，得到了客户的认可，占领了本市和周边城市的市场。

靠着出色的业绩，顾先生被任命为第一销售组的组长，升职的喜悦并没有让顾先生变得浮躁，心存感恩的他，主动向领导提出带领小组成员到更远的省市开发市场。十年后的今天，公司由名不见经传，发展到了现在的区域知名品牌。顾先生用自己的职业精神，为公司培养了一批又一批的销售精英，使公司的事业线不断地拉长，规模越来越大。

在公司日益壮大的同时，顾先生也收获了人生中最宝贵的财富——事业的成功，但他总是谦逊地说：“如果没有公司的平台，就没有我的个人前途，离开了公司，我什么都不是。”他也总是提醒自己的下属：“如果你付出的比回报的多，那么最终你得到的会比付出的多。”

人都是有惰性的，这一点不可否认。尽力而为，其实就是潜藏于我们身体和精神中的一种惰性，一种原则性不强的自我谅解。这是给自己“留后路”的说辞，遇到困难了可以退缩，失败了可以找借口。在面对工作时，如果总是以完成任务的心态对自己说：我尽力吧！那就无法充分发挥出自身的潜能，也不可能把事情做到极致。

让我们谨记英国哲学家约翰·密尔说过的话：“生活中有一条颠扑不破的真理，不管是最伟大的道德家，还是最普通的老百姓，都要遵循这一准则，无论世事如何变幻，都要坚持这一信念。它就是：在充分考虑到自己的能力和外部条件的前提下，进行各种尝试，找到最适合自己做的工作，然后集中精力、全力以赴地做下去。”